数码照片随心处理

卓越文化 编著

電子工業出版社
Publishing House of Electronics Industry
北京·BEIJING

内 容 简 介

本书首先介绍了处理数码照片的准备知识，接着对数码照片的基础处理、特效处理、添加相框及创意设计进行了详细的讲解，针对老年人黑白老照片比较多的情况，还介绍了翻新和精心点缀昔日老照片，最后介绍了如何将制作好的数码照片刻录成光盘，方便读者珍藏和馈赠亲友。

全书语言浅显易懂，讲解详细生动，知识点讲解采用情景对话模式作为引导，让读者的学习变得更加轻松。在每章末尾还添加了“疑难解答”部分，帮助读者解决一些疑难问题。

本书可作为老年人初学数码照片处理的自学辅导材料，也可作为老年大学、老年电脑培训班的辅助教材。

图书在版编目（CIP）数据

数码照片随心处理／卓越文化编著.—北京：电子工业出版社，2009.1
（老年电脑通）
ISBN 978-7-121-07527-8

I. 数… Ⅱ.卓… Ⅲ.数字照相机－图像处理－基本知识 Ⅳ.TP391.41

中国版本图书馆 CIP 数据核字（2008）第 157070 号

责任编辑：贾　莉　项　红
印　　刷：北京市天竺颖华印刷厂
装　　订：三河市鑫金马印装有限公司
出版发行：电子工业出版社
北京市海淀区万寿路 173 信箱　　邮编：100036
开　　本：787×1092　1/16　　印张：11.25　　字数：173 千字　　彩插：1
印　　次：2009 年 1 月第 1 次印刷
定　　价：28.00 元（含光盘一张）

凡所购买电子工业出版社图书有缺损问题，请向购买书店调换。若书店售缺，请与本社发行部联系，联系及邮购电话：（010）88254888。

质量投诉请发邮件至 zlts@phei.com.cn，盗版侵权举报请发邮件到 dbqq@phei.com.cn。

服务热线：（010）88258888。

给中老年朋友的一封信

亲爱的中老年朋友：

您是否有过这样的烦恼：作为某老年协会的负责人，您常常需要打印一些通知或信函，但苦于自己不会电脑，不得不经常麻烦隔壁的小张或小王；或者同学聚会后，好友请您将所拍的数码照片用“伊妹儿”发给他，而您却一筹莫展；再或者儿子和孙子围在电脑前玩得不亦乐乎，而自己却不明所以，此时您会想，电脑真的那么有趣吗？

针对中老年朋友的学习特点和当前电脑的流行应用，我们精心策划和编写了本套丛书。我们的理念是：以最轻松有效的方法，将最实用的知识传授给读者。在教学方式和方法上，本套丛书具有如下特点：

★ 精选内容、讲解细致

重点介绍初学者必须掌握的、最适用的技能，让您的学习更有目的。本套丛书语言通俗易懂，由浅入深，让读者能轻松上手。在讲解时力求细致、全面，确保读者不是一知半解、模棱两可。

★ 情景对话、图解操作

本套丛书采用情景对话模式对知识点进行引导，使内容更加生动活泼。在每章结尾提供“活学活用”和“疑难解答”两大版块，用于帮助读者巩固所学知识。本套丛书主要采用“图解操作”的模式，操作与图解一一对应，让读者能快速定位。部分图片上还标注说明文字，引导读者进行操作，让读者体会到教学过程的无微不至。

★ 书盘结合、互动教学

本套丛书配套提供交互式多媒体教学光盘，从而形成一个立体的教学环境。书盘结合、互动教学，不但易于理解，而且实现了多媒体教学与自学的互动组合，从而使读者无师自通。

相信在本套丛书的指引下，在您“活到老，学到老”的信念激励下，电脑将很快被您征服。当您熟练地操作电脑时，当同龄伙伴们投来羡慕的目光、儿孙们投来惊诧的目光时，您会感觉到成为一名老年电脑通是一件多么幸福的事情！

最后，本书所有编委祝您学习愉快，身体健康！

光盘内容及使用方法

本书配套的多媒体光盘内容包括案例素材和视频教学两部分，其中，案例素材为读者提供了部分处理的照片的源文件和效果文件；视频教学部分采用交互式场景教学，能带您融入轻松的学习环境。

使用时将配套光盘放入光驱，光盘会自动运行，待播放完“电子工业出版社”和“华信卓越”两段短暂的片头之后，进入光盘的主界面，优美的画面和轻快的音乐将让您顿时感觉心旷神怡。

如果光盘没有自动运行，可在“计算机”窗口（若操作系统为 Windows XP，则为“我的电脑”窗口）中双击光驱盘符，然后双击“AutoRun”文件进行播放。

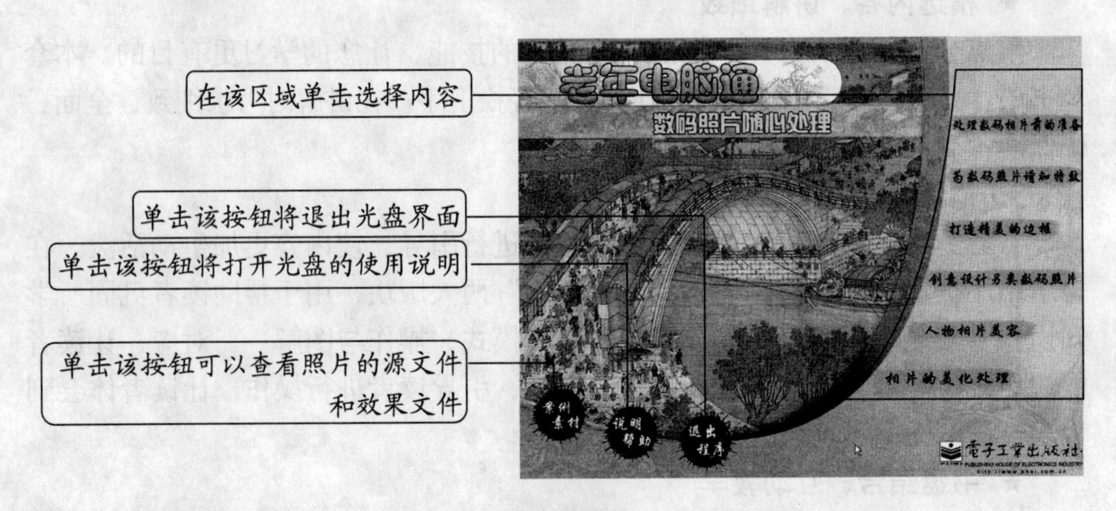

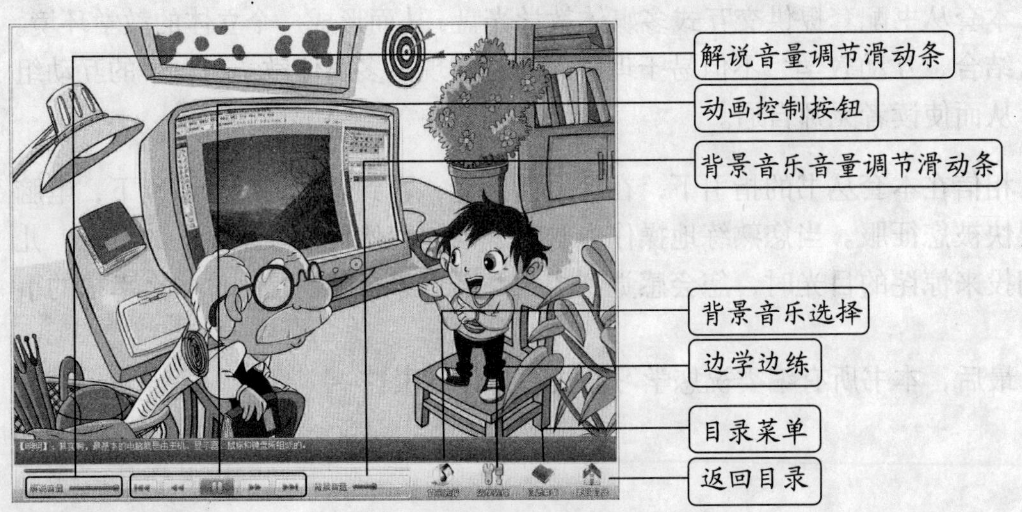

目　录

修改前 ▼

修改后 ▼

◄ 修改前

修改后 ►

▲ 修改前

▲ 修改后

▲ 修改前

▲ 修改后

▲ 修改前

▲ 修改后

第 1 章
处理数码照片的准备

本章热点：

★ 认识数码照片
★ 将数码照片导入电脑
★ 查看数码照片

什么是数码照片？数码照片有哪些格式？还有怎么把数码相机里的照片导入电脑？明明，爷爷有好多问题都搞不明白。

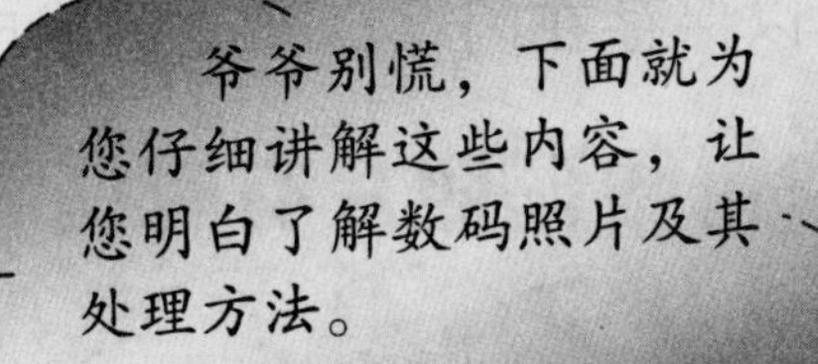

1.1 认识数码照片

相对传统的胶卷照片而言，数码照片是一种数字产物。自从有了数码相机，拍照就变得不再麻烦，拍下来的数码照片也可以十分方便地存储在电脑中，并进行后期处理。

1.1.1 什么是数码照片

数码照片由像素点组成，像素点越多照片的尺寸也就越大。数码照片是一种由数码相机和扫描仪等设备获得的，以数字形式存储的，以光盘和磁盘作为载体的，依赖电脑系统进行阅读和处理的静态图像，如图 1-1 所示。

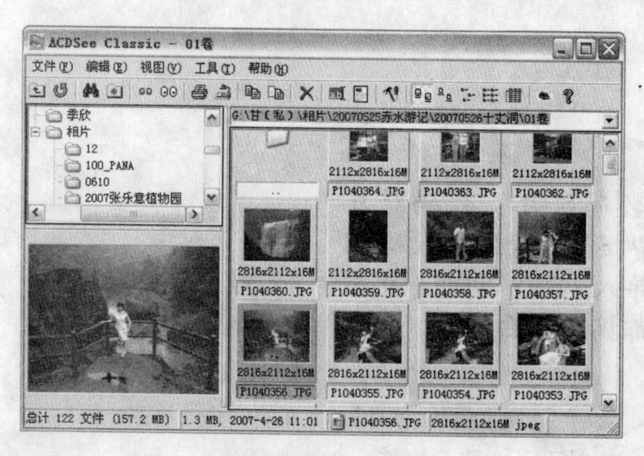

图 1-1

与纸质照片相比，数码照片的存储和携带十分方便灵活，根据需要可以保存在闪存盘、光盘或电脑硬盘等各种存储介质里。

1.1.2 数码照片有哪些格式

听说用数码相机拍摄出来的数码照片有好几种格式，这些格式有什么不同呢？

由数码相机拍摄出来的数码照片一般分为 JPEG，TIFF 和 RAW 三种存储格式。不同的格式对应的图像质量是有差异的。

1. 轻松自由——JPEG 格式

JPEG 格式是数码照片最常用的存储格式。JPEG（也称 JPG）是一种有损压缩存储格式，它主要针对彩色或灰阶的图像进行大幅度的压缩。平常，我们似乎只注意到 JPEG 对于彩色方面的压缩处理，在图像处理制作中，JPEG 对于灰阶部分的处理也是一项常用的操作。

JPG 的图像压缩原理是利用了将空间领域转换为频率领域的概念，因为人类的眼睛对高频的部分较不敏感，因此这个部分就可以用大幅压缩、较粗略的方式来处理，以达到让文件变得更小的目的。

数码相机拍摄的 JPEG 照片，会在文档头部嵌入 Meta 信息，这就是我们熟悉的 EXIF 信息。EXIF 信息包含了较完整的拍摄参数和色彩吻合的参数，可供用户参考使用。

Windows XP 操作系统默认提供了对 EXIF 信息的识别功能。查看 EXIF 信息的方法也十分简单，操作步骤如下。

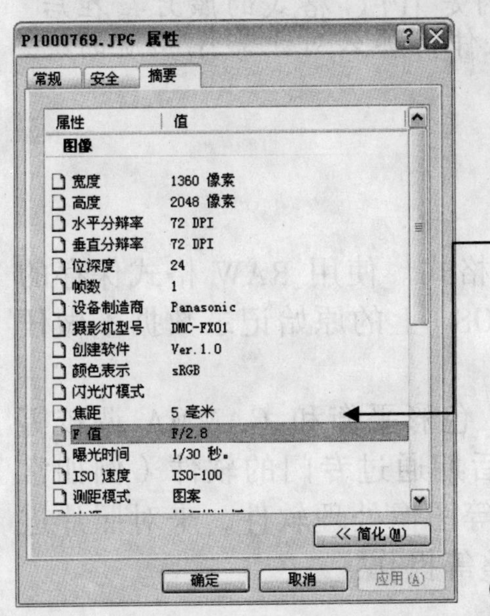

图 1-2

1. 打开数码照片文件所在目录，右键单击照片文件，在弹出的快捷菜单中选择“属性”命令。
2. 在弹出的“属性”对话框中，选择“摘要”选项卡，单击“高级”按钮就可以看到照片尺寸、拍摄日期和相机型号等 EXIF 信息了，如图 1-2 所示。

2. 多姿多彩——TIFF 格式

如果拍摄的数码照片是用于印刷出版的话，采用非压缩格式的 TIFF 格式存储照片是比较好的选择。

目前许多消费级的数码相机都带有 TIFF 格式拍摄功能，如果是用于出版印刷的数码照片，从使用数码相机拍摄到后期处理的整个过程中，都应该一直保持 TIFF 格式，如图 1-3 所示。

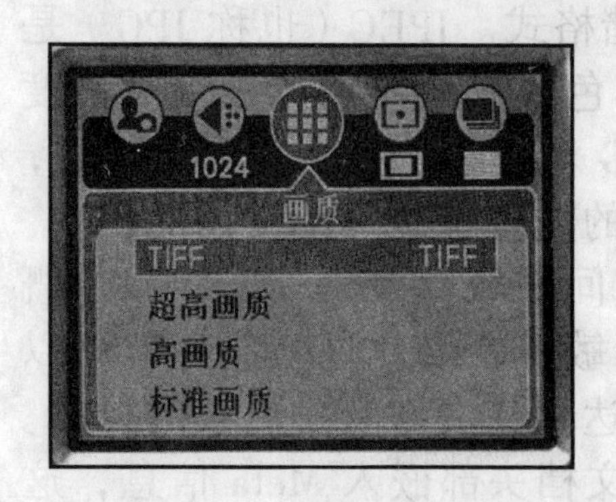

图 1-3

TIFF 格式是一种能被大多数图像处理软件支持的格式，而且 TIFF 格式文件的文件头中可以记载数码照片的分辨率，甚至还可在照片里放置多个图像，因此在排版软件中，TIFF 文件的应用是相当广泛的。

TIFF 格式具有大包容性和较大的文件占用空间等特性，对于一般用户而言显然不是很实用。

小提示：如果用数码相机拍摄的是 JPEG 格式的照片，在后期处理的时候才存储为 TIFF 文件，那么对于影像品质的提升是没有什么作用的。

3. 原汁原味——RAW 格式

RAW 格式也是一种无损压缩存储格式。使用 RAW 格式保存的数码照片，能将传感器（CCD 或者 CMOS）上的原始记录数据不做任何修改地保存下来，如图 1-4 所示。

由于这些数据尚未经过曝光补偿、色彩平衡和 GAMMA 调校等处理。因此，专业摄影人士往往会在后期通过专门的软件（例如常见的 PhotoShop，Ulead 的 PhotoImapct 等图像处理软件，来对照片进行曝光补偿、色彩平衡和 GAMMA 调整等操作。

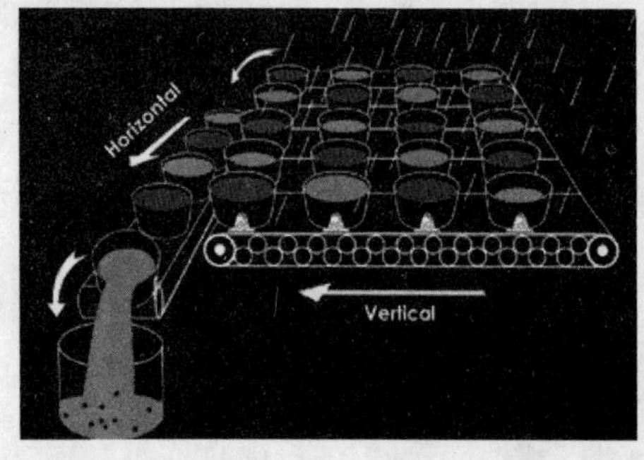

图 1-4

小提示：RAW 文件的导出相对前两种格式而言显得稍微麻烦一些，它需要相关的配套软件来读取导出照片，在一般的图像处理软件中没法识别和编辑。

普通数码相机用户平时接触的大多是 JPEG 或者 TIFF 格式的数码照片，因此很少接触到 RAW 格式的照片，而专业数码摄影人士最喜欢的正是 RAW 格式。

1.2 把数码照片导入电脑

用数码相机拍摄出数码照片后，还需要将其导入电脑，才能进行查看或做进一步的处理。一般情况下，将照片导入电脑的方法主要有 3 种：使用读卡器、使用 USB 数据线以及使用扫描仪。

1.2.1 借助读卡器导入数码照片

借助读卡器，可以很方便地将数码相机存储卡里的数码照片文件读取到电脑中。

1. 从数码相机中取出存储卡

要将存储卡中的数码照片存储到电脑上，还得将存储卡从数码相机中取出来。

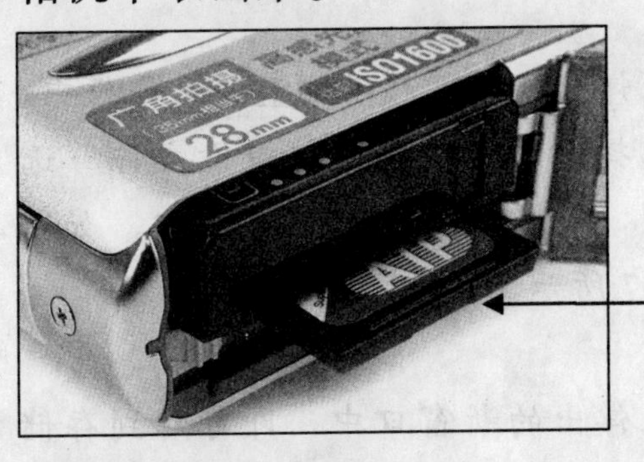

1 关闭数码相机的电源后，打开数码相机的后盖，即可看到电池和存储卡。

2 找到安放存储卡的卡槽，用手指在存储卡尾端处向内轻按，存储卡随即就会弹出来了，如图 1-5 所示。

图 1–5

2. 用读卡器将存储卡与电脑连接

成功将存储卡从数码相机中取出后，就可以把存储卡插进读卡器来与电脑进行连接了。

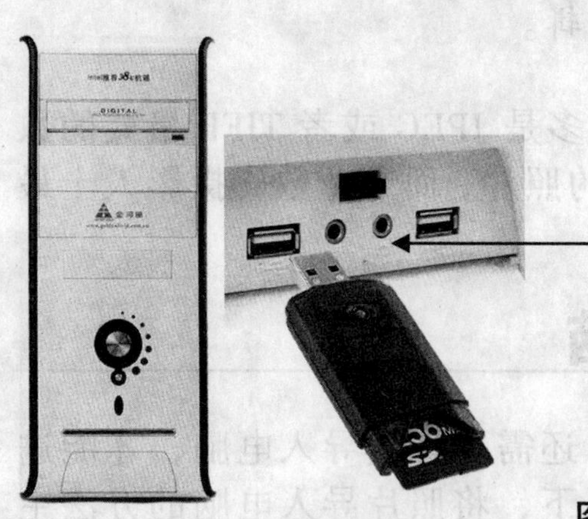

1 用手将存储卡轻轻从数码相机中拔出，然后将存储卡插进相应的读卡器卡槽中。

2 将装好存储卡的读卡器，插入电脑机箱的 USB 接口中，如图 1-6 所示。

图 1-6

小提示：读卡器插入电脑机箱的 USB 接口时，要注意正反方向，方向错误是无法正确插进 USB 接口中的。

3. 将存储卡中的照片导入电脑

将读卡器插入电脑的 USB 接口中，就可以进行将照片导入电脑的操作了。

1 电脑识别到读卡器后，会弹出一个“可移动磁盘”对话框。

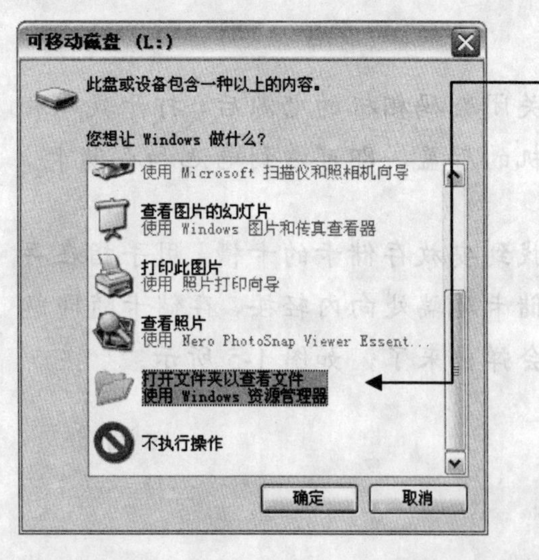

2 在弹出的“可移动磁盘”对话框中，选择“打开文件夹以查看文件”选项，然后单击“确定”按钮，如图 1-7 所示。

3 在弹出的新窗口中，即可看到存储卡上以文件形式保存的数码照片。

图 1-7

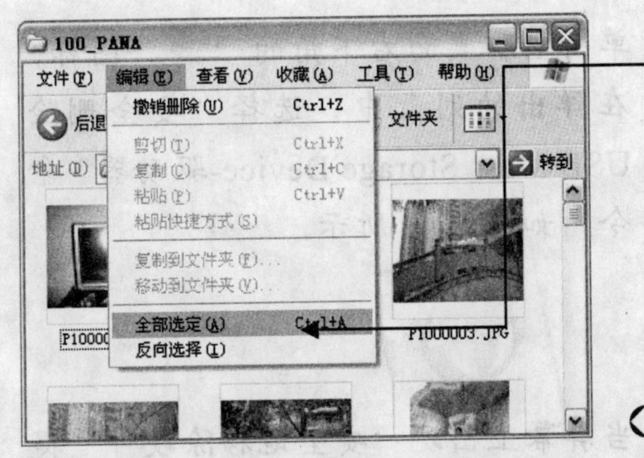

4 单击窗口左上方的“编辑”菜单项，在弹出的菜单中，选择“全部选定”命令，选定文件夹中所有的数码照片，如图 1-8 所示。

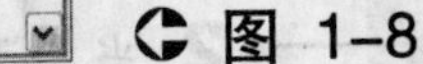
图 1–8

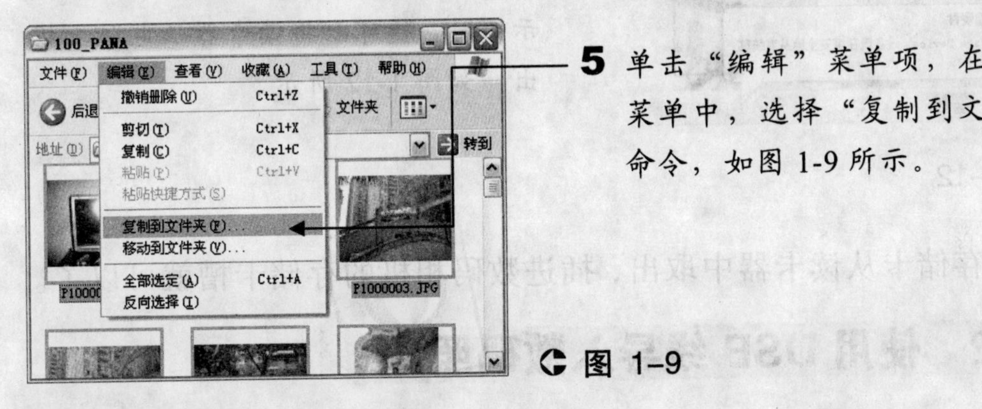

5 单击“编辑”菜单项，在弹出的菜单中，选择“复制到文件夹”命令，如图 1-9 所示。

图 1–9

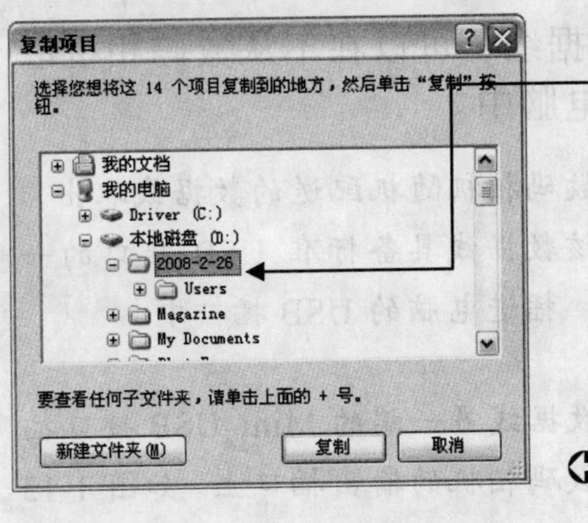

6 在弹出的“复制项目”对话框中，选择数码照片要保存的目标文件夹，然后单击“复制”按钮即可，如图 1-10 所示。

图 1–10

4. 取出读卡器及存储卡

复制完存储卡中的数码照片后，还需要将读卡器中的存储卡安全地放回到数码相机中。

图 1-11

1 单击电脑桌面右下角的“ ”图标，在弹出的列表中，选择“安全删除USB Mass Storage Device-驱动器”命令，如图 1-11 所示。

图 1-12

2 当屏幕上出现“安全地移除硬件”提示语时，就可以将读卡器从电脑上拔出，如图 1-12 所示。

将存储卡从读卡器中取出，插进数码相机的存储卡槽就可以了。

1.2.2 使用 USB 线导入数码照片

使用数码相机随机匹配的 USB 数据线，可以在不从数码相机取出存储卡的情况下，将数码照片导入电脑中。

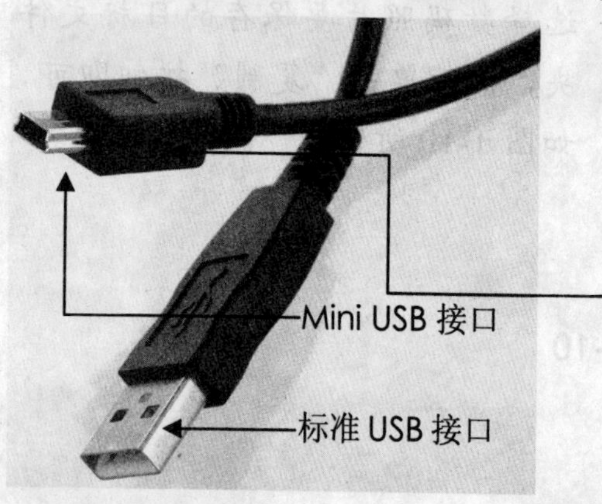

图 1-13

1 将数码相机随机配送的数据线取出，将该数据线具备标准 USB 接口的一端，插进电脑的 USB 插口中。

2 将数据线另一端的 Mini USB 接口插到数码相机的输出插口上，如图 1-13 和图 1-14 所示。

小提示：如果找不到数码相机上连接数据线的插口位置，可以查阅随机的使用说明书来进行操作。

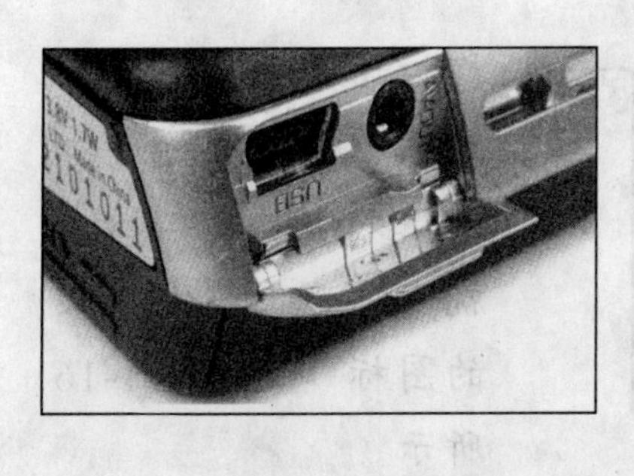

图 1-14

将数据线两边的设备连接好后，打开数码相机的电源开关，电脑就能自动识别到数码相机，随后在电脑桌面上弹出一个“可移动磁盘”对话框。

在弹出的“可移动磁盘”对话框中，选择“打开文件夹以查看文件”选项，然后单击“确定”按钮。其后的操作与使用读卡器导入照片的方法大致相同，具体详见 1.2.1 节中的内容。

1.2.3 扫描照片

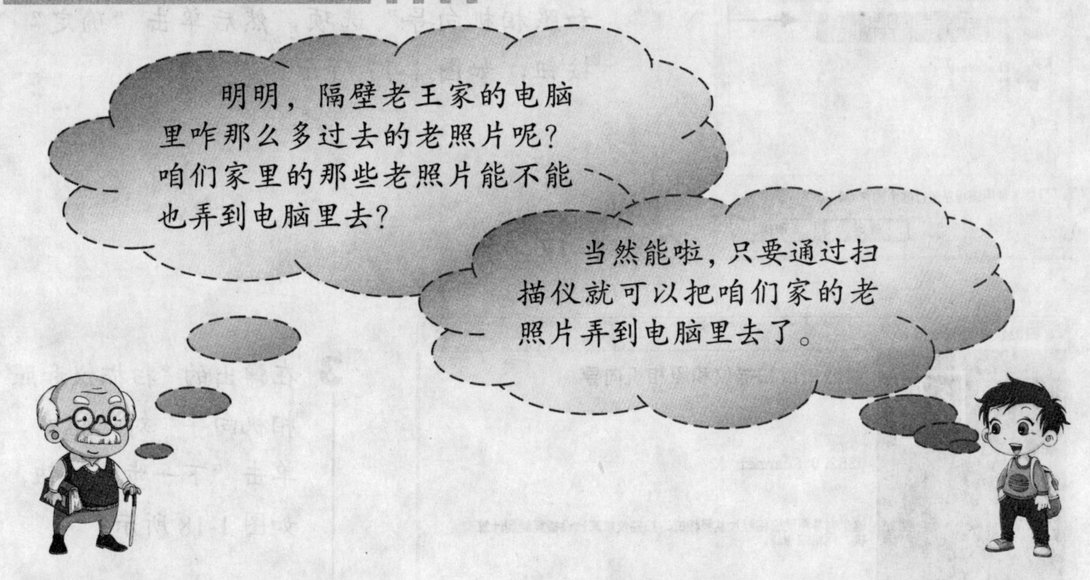

要将传统的冲印照片存储到电脑中，还需要一台扫描仪，如图 1-15 所示。使用扫描仪，我们可以轻松地将过去的回忆扫描进电脑中。

图 1-15

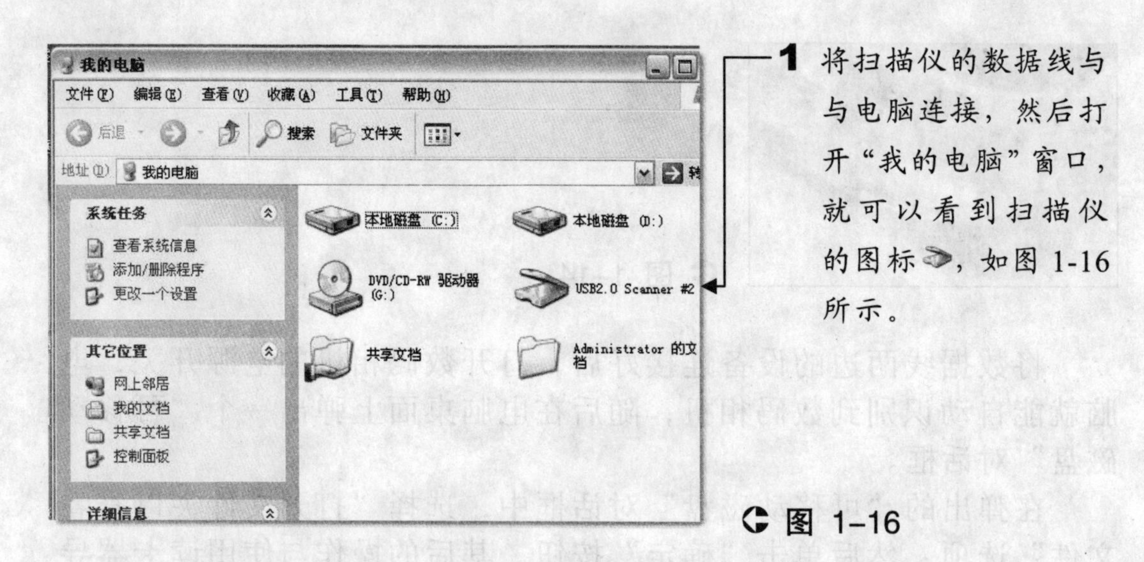

1 将扫描仪的数据线与与电脑连接，然后打开“我的电脑”窗口，就可以看到扫描仪的图标，如图 1-16 所示。

图 1-16

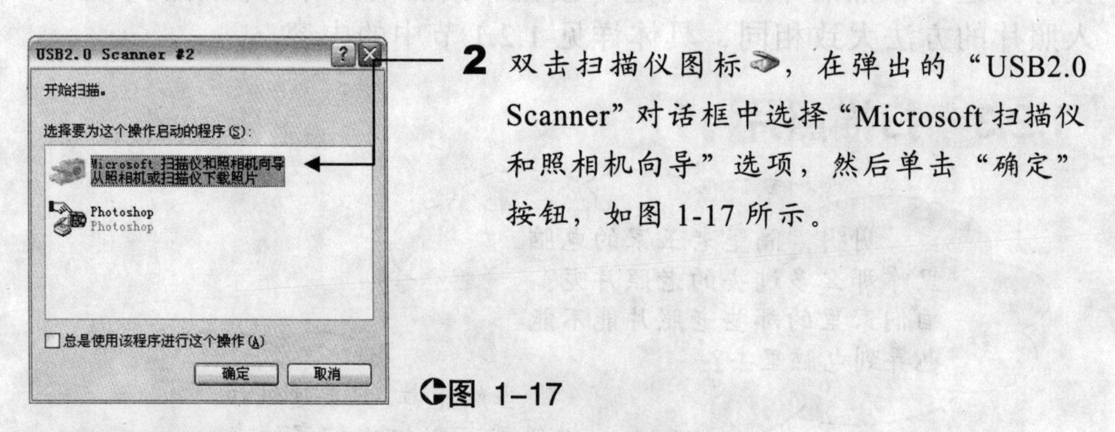

2 双击扫描仪图标，在弹出的“USB2.0 Scanner”对话框中选择“Microsoft 扫描仪和照相机向导”选项，然后单击“确定”按钮，如图 1-17 所示。

图 1-17

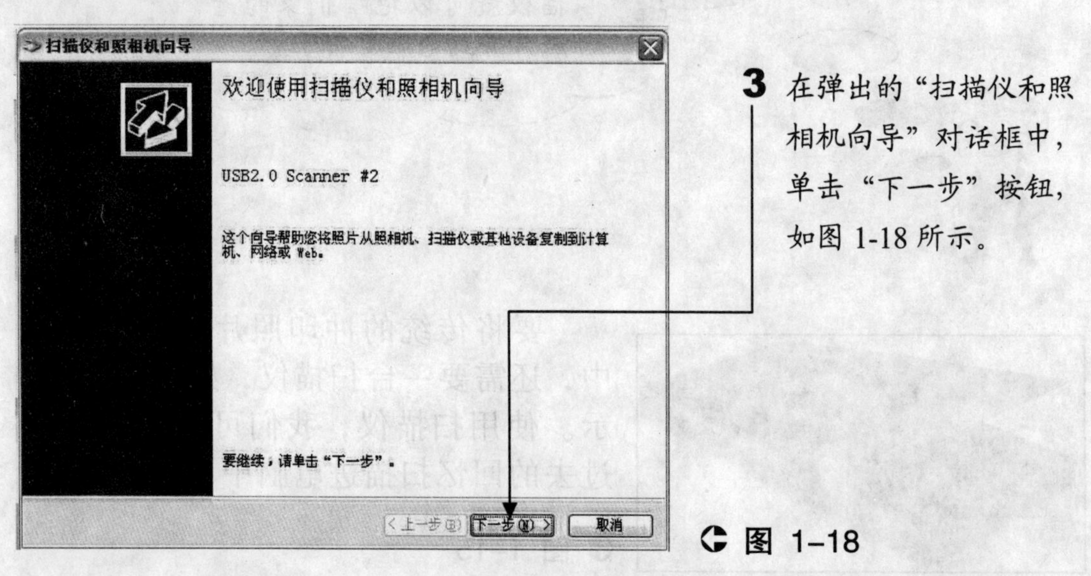

3 在弹出的“扫描仪和照相机向导”对话框中，单击“下一步”按钮，如图 1-18 所示。

图 1-18

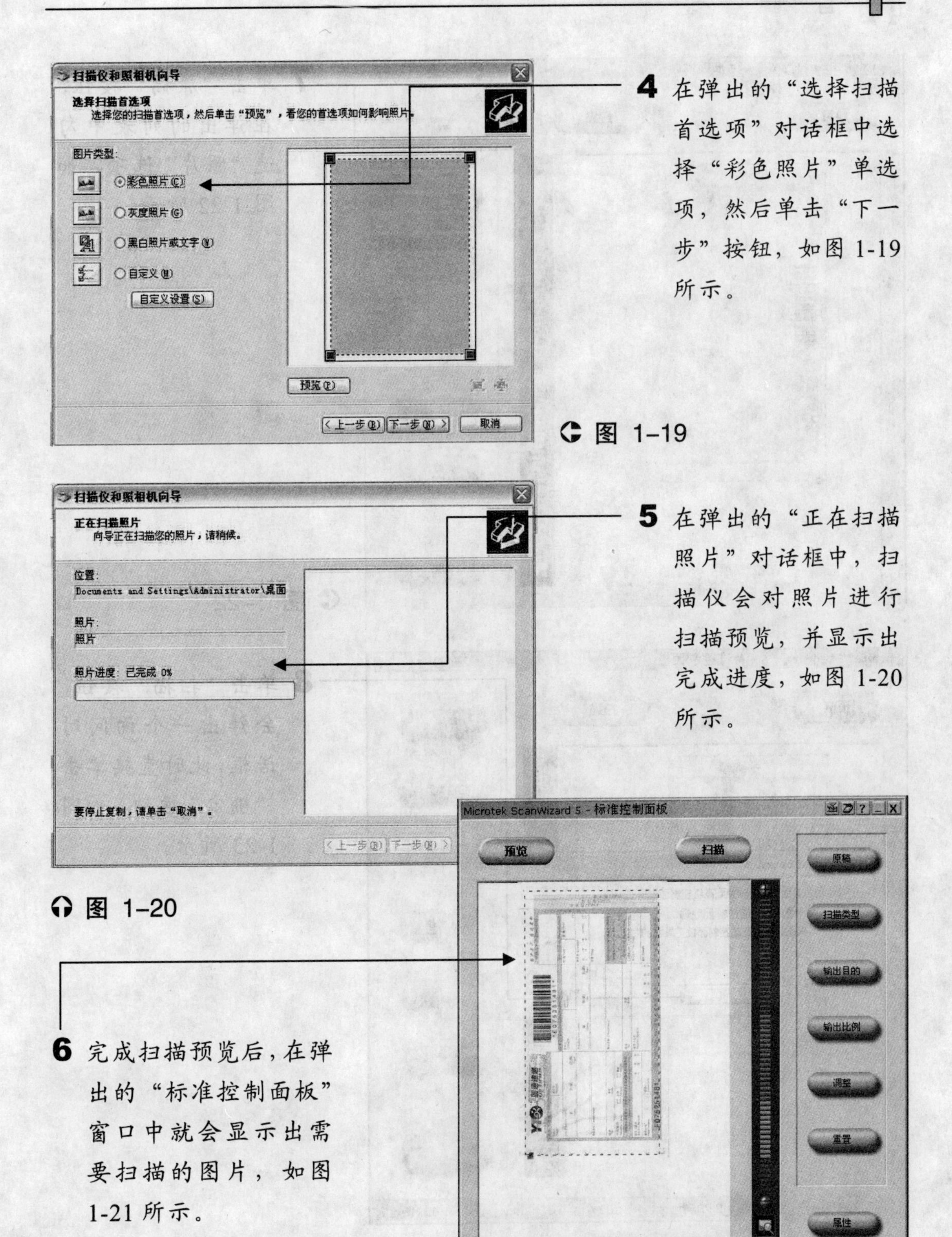

4 在弹出的“选择扫描首选项”对话框中选择“彩色照片”单选项，然后单击“下一步”按钮，如图 1-19 所示。

图 1-19

5 在弹出的“正在扫描照片”对话框中，扫描仪会对照片进行扫描预览，并显示出完成进度，如图 1-20 所示。

图 1-20

6 完成扫描预览后，在弹出的“标准控制面板”窗口中就会显示出需要扫描的图片，如图 1-21 所示。

图 1-21

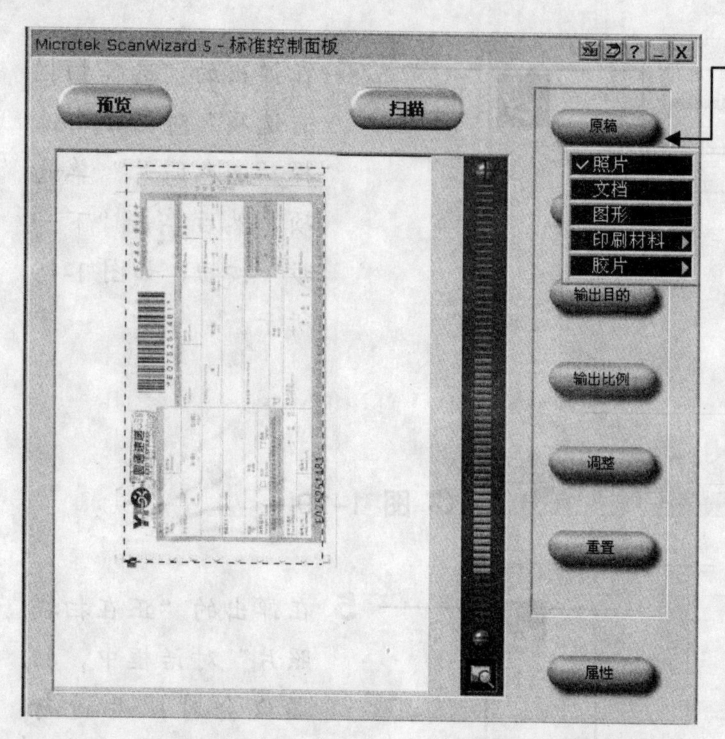

7 单击“原稿”按钮，在弹出的列表中勾选“照片”选项，如图 1-22 所示。

图 1-22

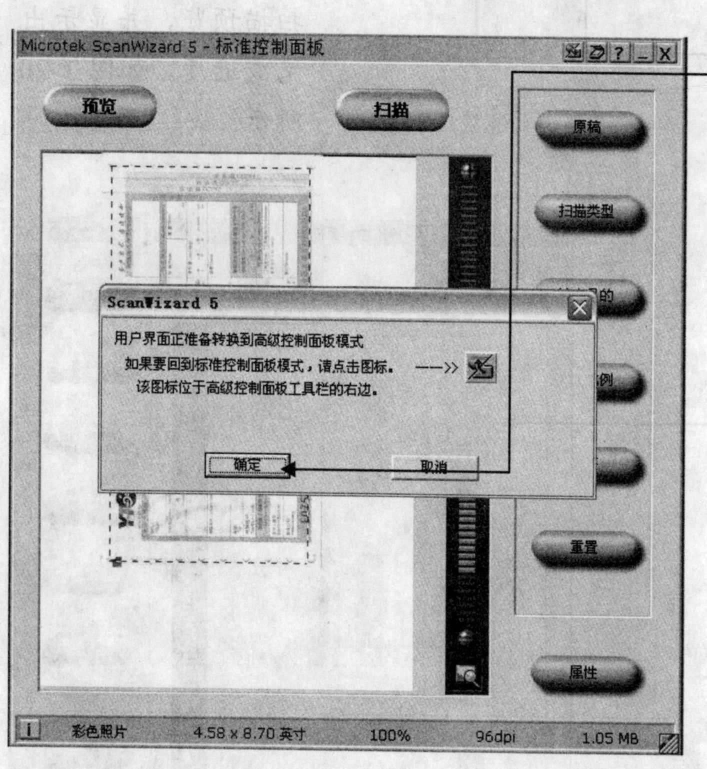

8 单击“扫描”按钮，会弹出一个询问对话框，此时直接单击“确定”按钮，如图 1-23 所示。

图 1-23

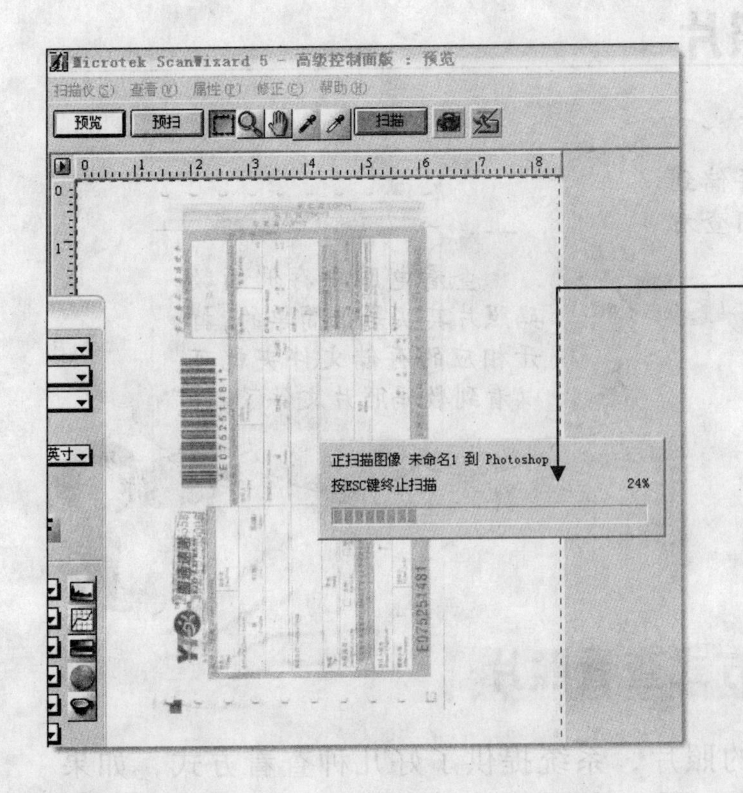

9 扫描仪开始扫描图像并显示出扫描进度。如果想终止扫描，可以按下【ESC】键，如图 1-24 所示。

图 1-24

扫描完成后，对其进行保存，即可将扫描结果保存到电脑中，扫描结果如图 1-25 所示。

图 1-25

1.3 查看数码照片

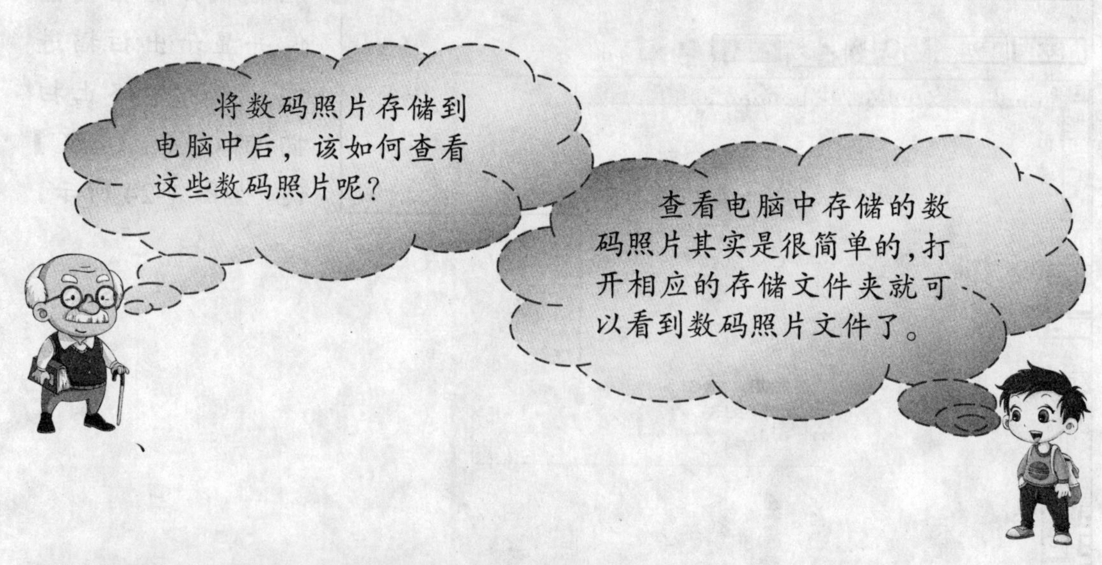

1.3.1 以缩略图方式查看照片

对于存储在电脑中的照片，系统提供了好几种查看方式，如果存储的照片文件数量很多，那么使用缩略图方式进行查看比较方便。选择缩略图方式操作步骤如下。

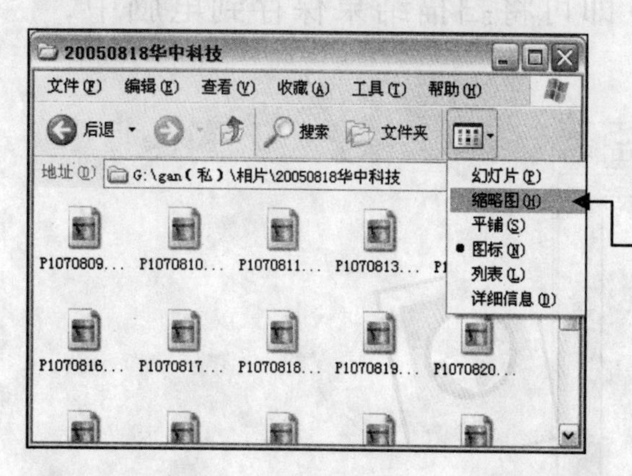

图 1-26

1 在“我的电脑”窗口中找到并打开存放数码照片的文件夹。

2 在该数码照片文件夹窗口中，单击“查看”按钮，在弹出的下拉菜单中，选择“缩略图”命令，如图 1-26 所示。

完成以上操作后，就可以在窗口中看到数码照片以缩略图的方式显示出来了。用鼠标左键拖动窗口右侧的垂直滚动条，可以查看更多的缩略图方式照片，如图 1-27 所示。

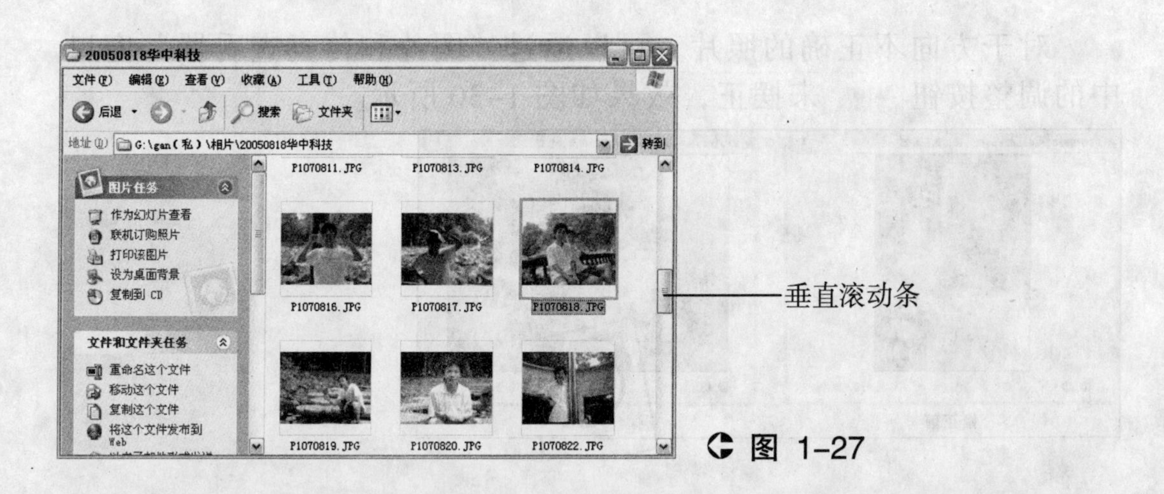

图 1-27

1.3.2　调整数码照片的方向（幻灯片查看方式）

使用系统提供的幻灯片查看方式，还可以将方向不正确的数码照片摆正。

图 1-28

1 在"我的电脑"窗口中找到存放数码照片的文件夹。

2 在该数码照片文件夹窗口中，单击"查看"按钮，在弹出的下拉菜单中，选择"幻灯片"命令，如图 1-28 所示。

完成以上操作后，就可以在窗口中以幻灯片方式查看数码照片了，如图 1-29 所示。

图 1-29

对于方向不正确的照片，可以通过“图片和传真查看器”窗口中的调整按钮来摆正，效果如图 1-30 所示。

图 1-30

1.4 疑难解答

：为什么用数码相机照出来的照片都是 JPEG 格式的？

：JPEG 是一种失真的压缩格式，中高端的数码相机可以采用 RAW 格式或者 TIFF 格式，但是这样的照片都非常大，不利于传输和存储，所以一般家用数码相机都采用 JPEG 格式。

：我使用 SD/MMC/RS-MMC 读卡器时，在插入 SD 卡的时候会出现“请将磁盘插入驱动器 G:”的字样，是怎么回事？

：出现这种问题，一般有下面 3 种情况。

1、该 USB 接口供电不足或接触有问题。解决方法：换机箱后面的 USB 接口试试。

2、读卡器坏了或与卡接触不良。解决方法：把存储卡金手指用橡皮擦干净，再重新认真插入读卡器，如果问题依旧，去找店家换个读卡器，换之前，可以用别人的卡试试能不能读出来。

3、闪存卡坏了。解决方法：找商家换卡。换之前，换个读卡器试试能不能读出来。

：图片不能以缩略图的方式显示，而且 Windows 窗口也没有工具栏该怎么解决？

：遇到这种情况，可以单击“开始”按钮，在弹出的“开始”菜单中选择“运行”命令。在弹出的“运行”对话框中输入“regsvr32 shimgvw.dll”命令，然后单击“确定”按钮即可解决问题。

第 2 章

数码照片基础处理

本章热点：

- ★ 打开与存储数码照片
- ★ 调整照片的大小
- ★ 处理曝光不足的数码照片
- ★ 处理曝光过度的数码照片
- ★ 去除照片的噪点

明明，我刚把数码相机里的照片传到电脑中了，其中有些照片的效果不太好，有没有修复的方法呢？

爷爷，要修复数码照片，我们可以使用专门的图像处理软件 Photoshop。

2.1 打开与存储数码照片

Photoshop 是一款非常优秀的图像处理软件，如图 2-1 所示，使用 Photoshop 可以很容易地修复数码照片，而且还可以对数码照片进行各种创意设计。

使用 Photoshop 软件处理照片之前，首先得学会如何在 Photoshop 中打开照片文件。当处理完照片后，还要知道如何将处理过的照片保存下来。

图 2-1

2.1.1 打开照片

这里以 Photoshop CS3 为例，来介绍如何打开照片文件。

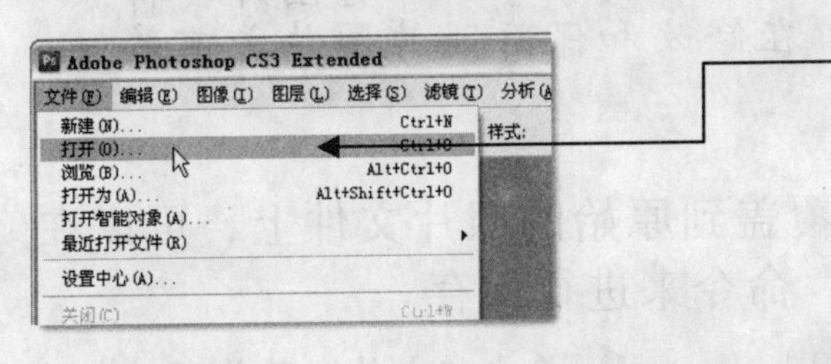

图 2-2

1 在 Photoshop CS3 程序窗口的菜单栏中单击“文件”菜单项，在弹出的菜单中选择“打开”命令，如图 2-2 所示。

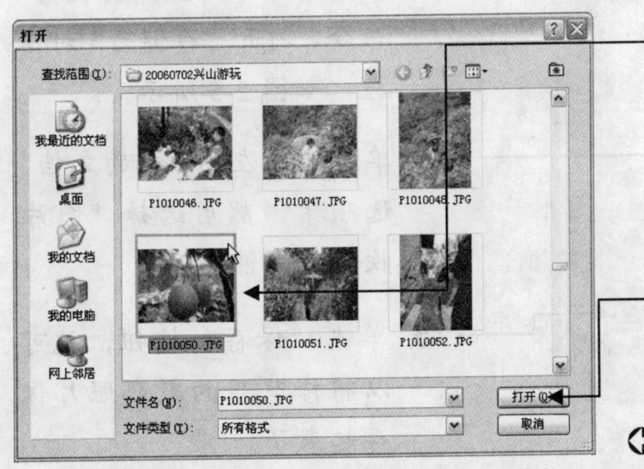

2 在弹出的“打开”对话框中，选择需要处理的数码照片，如图 2-3 所示。

3 单击“打开”按钮，即可打开照片文件。

图 2-3

小提示：直接按下【Ctrl+O】组合键，或者从照片文件夹窗口中直接拖动照片到 Photoshop CS3 界面中，也可以迅速地打开照片文件。

2.1.2 存储照片

对一张数码照片进行处理后，还需要对其进行保存。

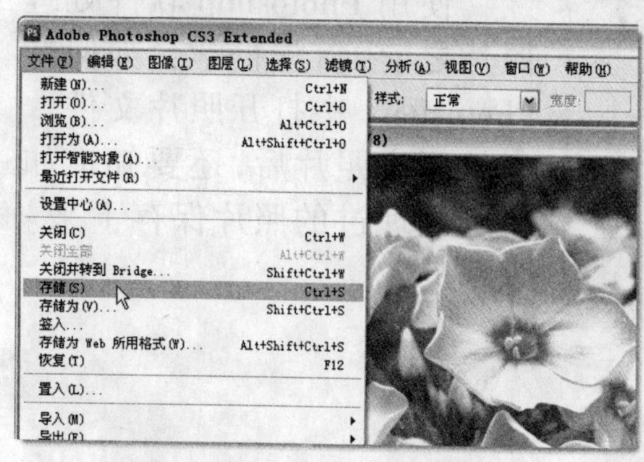

在 Photoshop CS3 中，如果编辑的部分只有背景图层并且是除 PSD 和 TIFF 格式以外的图片，那么就可以在菜单栏中单击“文件”菜单项，在弹出的菜单中选择“存储”命令进行保存，如图 2-4 所示。

图 2-4

小提示：值得注意的是，应用“存储”命令保存图片会将原始照片图片覆盖掉。因此，在修改和保存照片图片之前最好对原始照片文件进行备份。

如果不想将修改的照片直接覆盖到原始的照片文件上，可以在“文件”菜单中，选择“存储为”命令来进行保存。

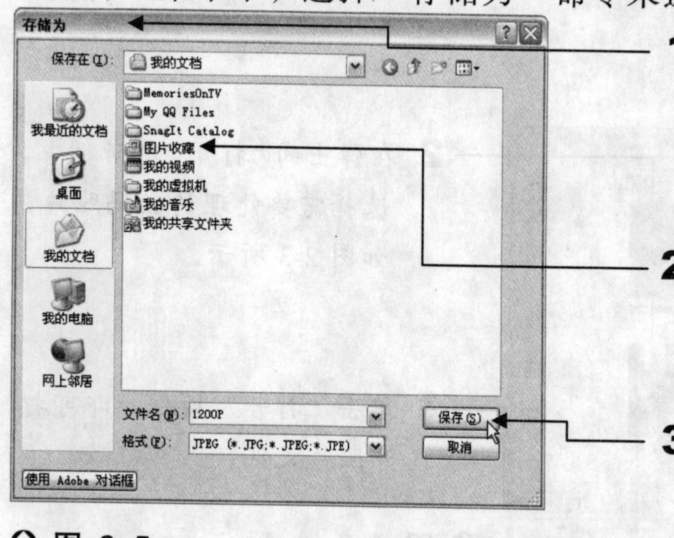

图 2-5

1 单击“文件”菜单项，在弹出的菜单中，选择“存储为”命令，打开“存储为”对话框，如图 2-5 所示。

2 单击选择左侧“我的文档”选项卡，然后选择“图片收藏”文件夹。

3 单击“保存”按钮，就可以将修改后的数码照片保存起来了。

如果要查看刚才保存的数码照片，那么双击桌面上的“我的电脑”图标，在弹出的窗口中双击“我的文档”图标，再双击打开“图片收藏”文件夹，即可查找到保存的数码照片文件。

2.2 调整照片的大小

本节将学习如何调整图片的尺寸大小，这些操作在修改调整图片时是经常要用到的。

2.2.1 裁剪数码照片

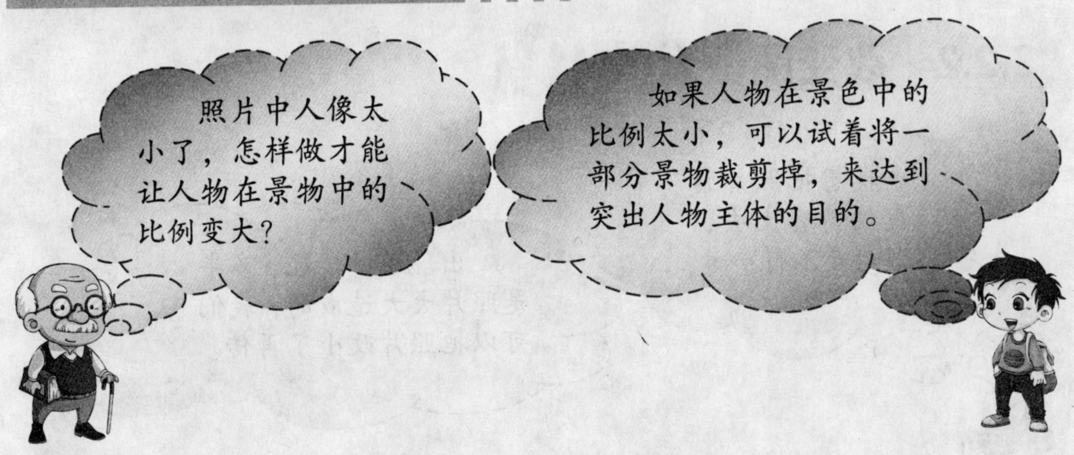

使用裁剪工具可以方便地将照片中不需要的部分裁剪掉。

1 在菜单栏中单击“文件”菜单项，在弹出的菜单中选择“打开”命令，打开要修改的照片文件。

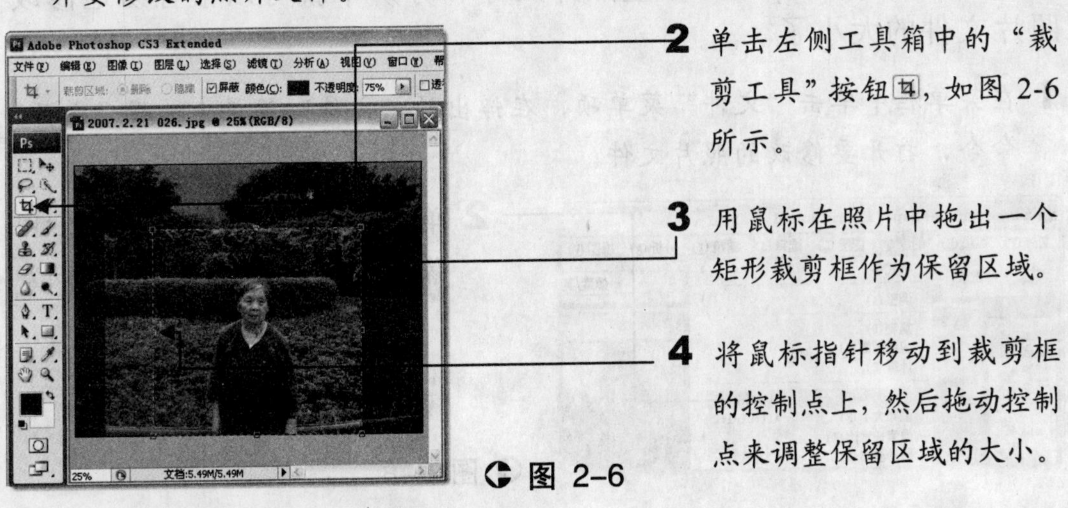

2 单击左侧工具箱中的“裁剪工具”按钮，如图 2-6 所示。

3 用鼠标在照片中拖出一个矩形裁剪框作为保留区域。

4 将鼠标指针移动到裁剪框的控制点上，然后拖动控制点来调整保留区域的大小。

图 2-6

5 将裁剪框调整完毕后，双击鼠标左键或按下【Enter】键确认裁剪，就可以得到裁剪后的数码照片了，如图 2-7 所示。

小知识：裁剪照片的过程中，将指针移动到裁剪框外时，指针会变为旋转符号，按住鼠标左键不放并拖动，可以旋转裁剪框。

图 2-7

2.2.2 改变图像大小

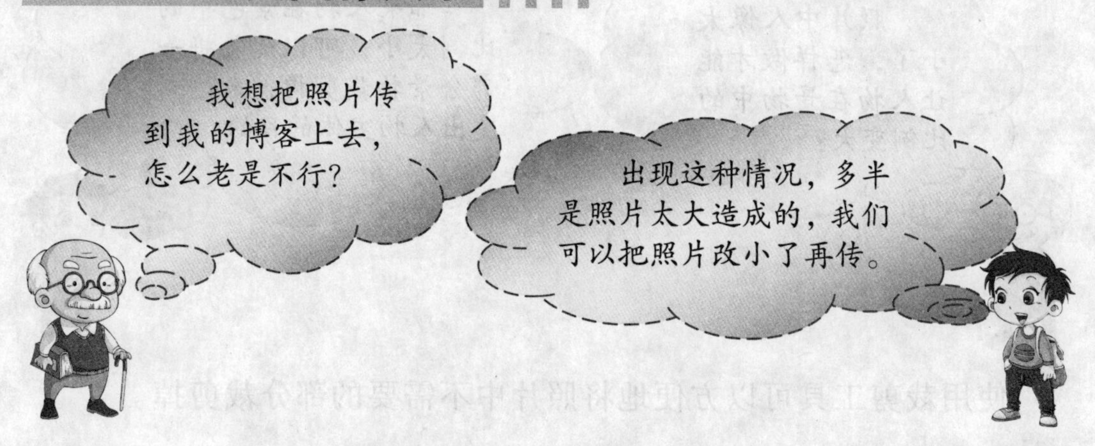

照片文件的大小通常与尺寸、分辨率和文件格式有很大的关系。所以使用 Photoshop CS3 调整照片尺寸和分辨率就可以很容易地修改照片文件的大小了。

1 在菜单栏中单击“文件”菜单项，在弹出的“文件”菜单中选择“打开”命令，打开要修改的照片文件。

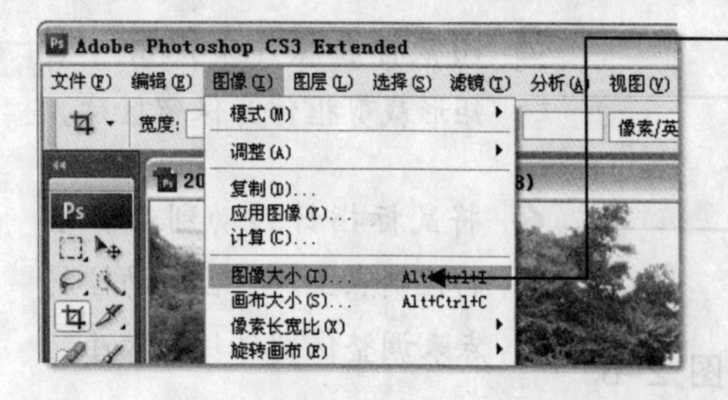

2 单击“图像”菜单项，选择“图像大小”命令，如图 2-8 所示。

图 2-8

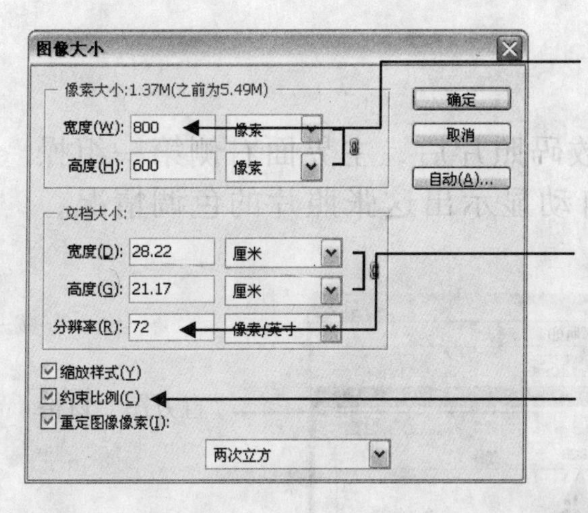

3 弹出“图像大小”对话框，在“像素大小”栏中，设置宽度为800像素，如图2-9所示。

4 在“文档大小”栏中，将分辨率设置为72像素/英寸。

5 勾选“约束比例”复选框，然后单击“确定”按钮。

图 2-9

设置完毕后，执行“文件”→“存储为”命令，保存图片即可。

小提示：选中“约束比例”复选框是为了防止照片图像在改变大小后变形。选中“约束比例”复选框后，只需改变高度或宽度中任意一项，另一项会自动按照比例进行相应的调整。

2.3　调整数码照片色调

色调一般用来表示图像的明暗情况，如果照片在拍摄过程中曝光不足或曝光过度，我们就可以使用Photoshop CS3的色调调整工具来对照片进行修复。

2.3.1　使用直方图查看照片的色调参数

1. 认识直方图

在 Photoshop CS3 中打开一张数码照片后，主界面右侧第一组操作面板的“直方图”窗格中即会自动显示出这张照片的色调情况，如图 2-10 所示。

图 2-10

如果主界面中没有显示出“直方图”窗格，我们可以通过以下方法来打开“直方图”窗格。

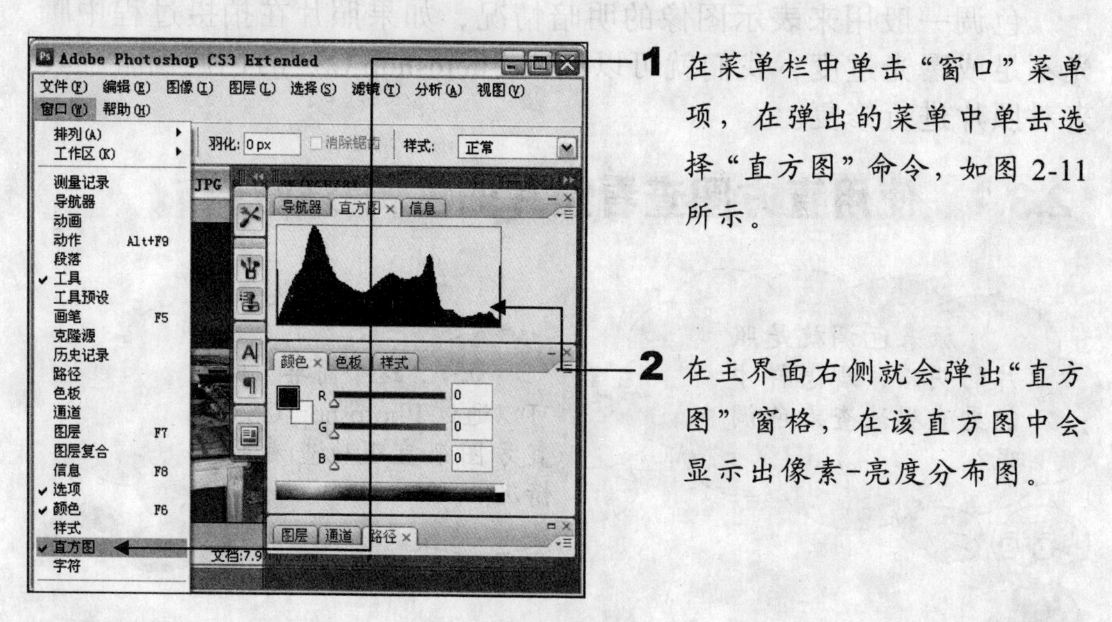

图 2-11

小提示：像素-亮度分布图代表不同亮度区像素的分布情况，横坐标代表亮度的强度，最左端的亮度最暗，由左至右依次递增；纵坐标代表对应像素的数量。如果某个亮度区域内没有像素或是数量极少，则说明这个亮度区域缺乏图像细节。

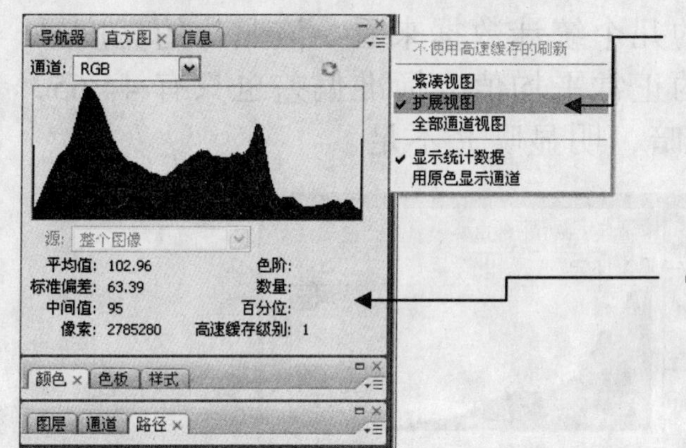

3 单击"直方图"窗格右上角按钮，在弹出的下拉菜单中选择"扩展视图"命令，如图 2-12 所示。

4 在下面弹出的数据中，可以看到数码照片的色调统计数据。

图 2-12

"直方图"窗格中的色调统计数据，各项含义如下。

★ **平均值**：代表图像的平均亮度。一张正常照片的平均值应该在 128 左右。

★ **标准偏差**：代表图像的明暗反差程度。该值越小，所有像素的色调分布越靠近平均值，该值正常在 65~75 之间。

★ **中间值**：显示像素亮度值的中点值。图像亮度范围越小，此值显示越低。

★ **像素**：显示像素的总数，这个数值取决于数码照片的大小。

将鼠标指针移动到像素-亮度分布图区域，则可以在数值区右侧显示出相应的色阶、数量和百分位等具体统计数据。

一张曝光正常的数码照片，其直方图的像素分布应该是居中分布，并连续延伸到两端的，如图 2-13 所示。

这说明整个亮度区域范围内都有图像细节，照片色调的层次丰富。

图 2-13

2. 曝光不足的照片

曝光不足的照片，直方图显示的特点是：像素分布都偏向左端暗色调方向，右边亮色调端明显缺乏像素，说明整个图像亮度偏暗。

如图 2–14 所示，从色调的几个统计数据来看，该照片的亮度平均值为 51.67，远远低于 128 的正常平均值，标准偏差也只有 44.65，对比度低，说明该照片色调偏暗，明显曝光不足。

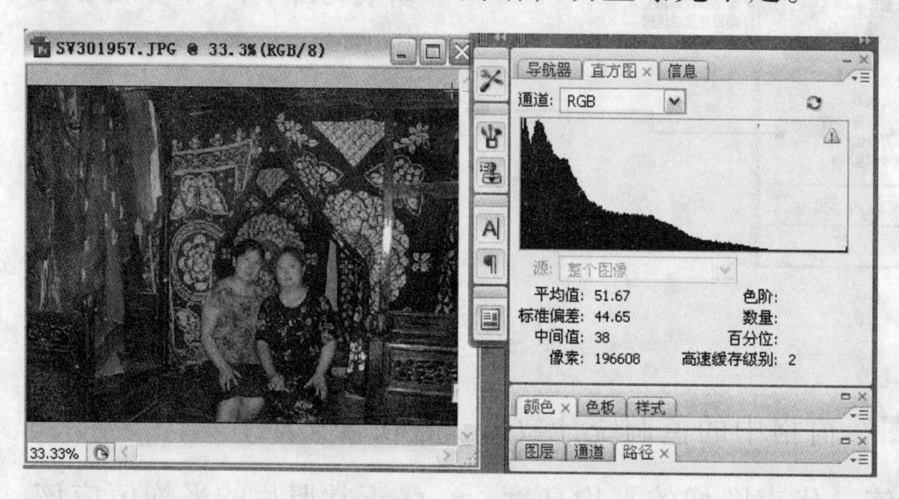

图 2–14

小提示：在分析色调数据，判断照片的明暗度和对比度时，比较照片当前的数值与标准值即可。

3. 曝光过度的照片

曝光过度的照片，直方图显示出的特点是：像素分布都偏向右端亮色调方向，左边暗色调端明显缺乏像素，说明整个图像亮度偏亮。

如图 2–15 所示，从色调的几个统计数据来看，该照片的亮度平均值为 174.08，高于 128 的正常平均值。由于整体曝光过度，标准偏差也低于正常水平，说明该照片色调偏亮，曝光过度。

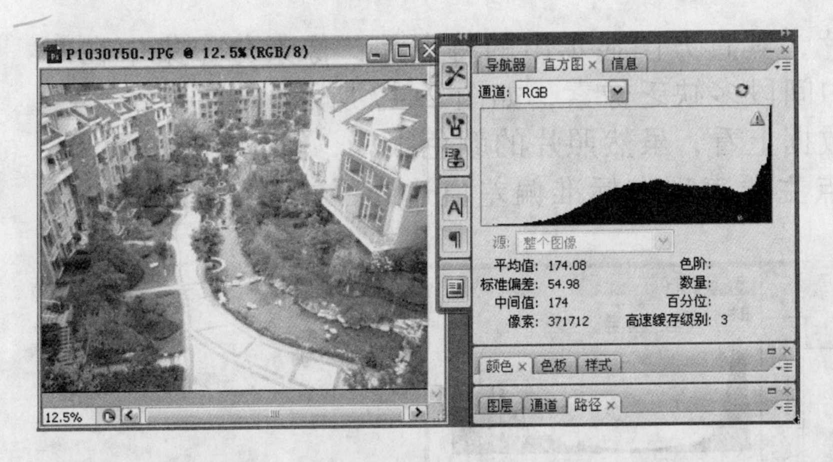

图 2-15

4. 低反差照片

阴天或者光线不好时拍摄照片，很容易拍摄出低反差的照片。这种照片的效果往往是灰蒙蒙的，层次感不强。

低反差的照片，其直方图显示出的特点是：像素分布集中在中间且呈突起状，而两边均缺乏像素，如图 2-16 所示。

从色调统计数据上看，平均值很高，但标准值一般都很低。由于这种照片的形成，大多不是受曝光技术的影响，所以想单靠提高曝光量来解决问题是行不通的。

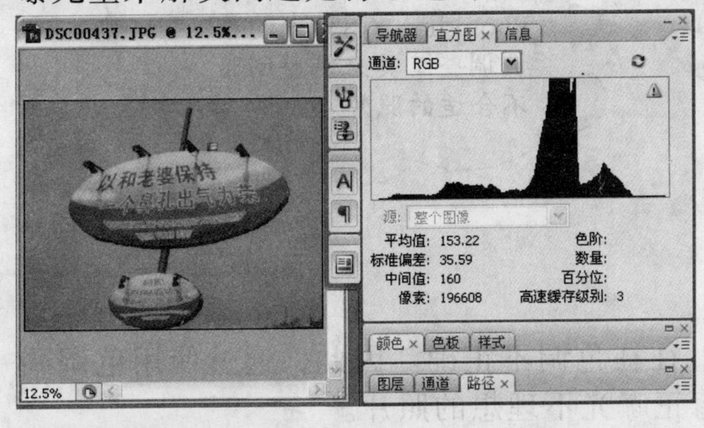

图 2-16

5. 高反差照片

与低反差的照片相反，高反差的照片往往层次感较强。例如云雾中的山脉，浓厚的白云与高山形成强烈的对比。

高反差的照片，其直方图显示出的特点是：像素分布集中在两端且呈突起状，中间段多缺乏像素，如图 2-17 所示。

从色调统计数据上看，虽然照片的颜色很深，但亮度却并不低。照片的高反差特点主要表现在标准偏差值达到了 97.82，远远高于 65~75 的正常值。

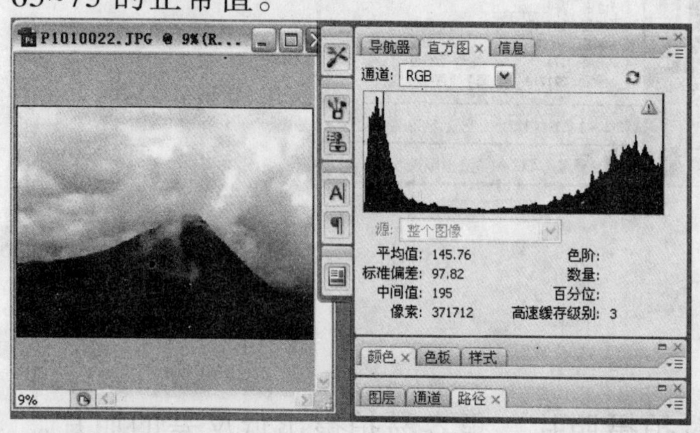

图 2-17

2.3.2 修正曝光不足/曝光过度的照片

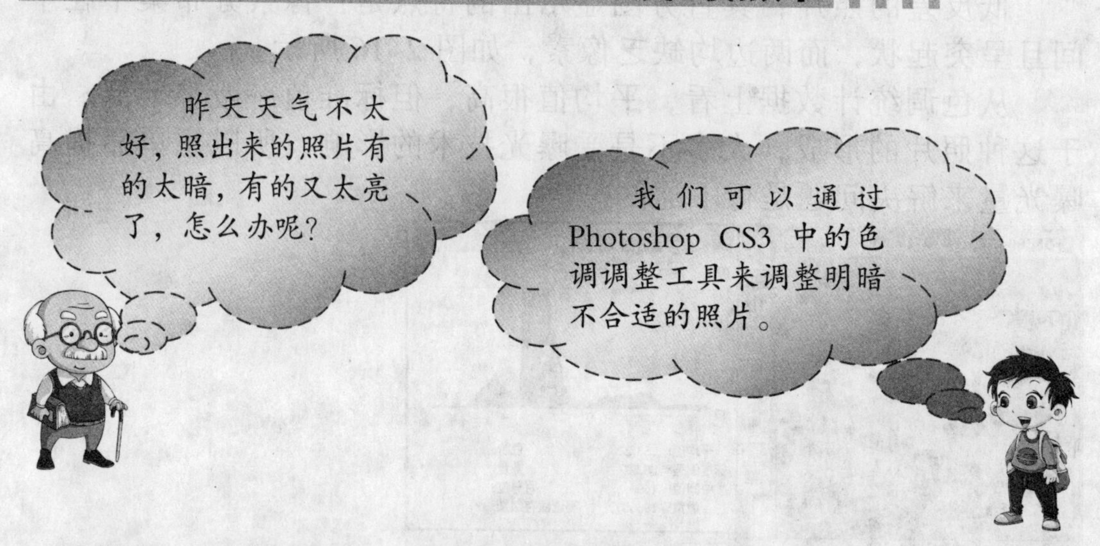

曝光不正确的照片，往往色调不正确。因此，通过使用色调调整工具，可以很容易地修正曝光不理想的照片。

小提示：色调调整主要包含色阶、亮度/对比度和暗调/高光调整几部分，这些调整命令通常可以在 Photoshop CS3 的“图像”菜单的“调整”子菜单中找到。

1. 修正曝光不足的照片

在 Photoshop CS3 中打开曝光不足的照片，然后按【Ctrl+J】组合键，复制图层。

创建新图层的目的是保护原图像不被覆盖。

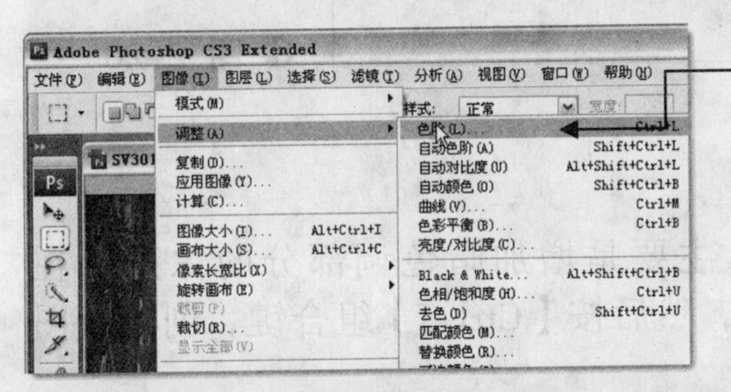

1 单击“图像”菜单项，选择“调整”→“色阶”命令，如图 2-18 所示。

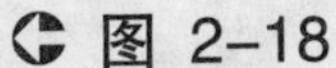
图 2-18

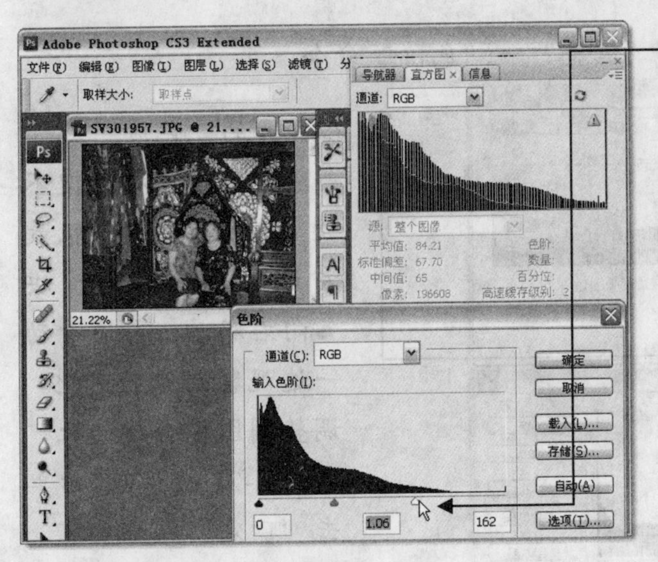

2 在“色阶”对话框的像素分布图下方，有 3 个三角滑块，用鼠标左键拖动最右边的白色滑块△向左移动，直至调整到图像合适的亮度，然后单击“确定”按钮即可，如图 2-19 所示。

图 2-19

小提示：调整照片亮度的标准有以下两点，一是可以凭借肉眼观察照片的亮度，直至合适；二是观察直方图的统计数据，调整平均值接近 128 左右即可。

调整色调后的照片，可以拿来与原图对比观察，确定最终效果，当然使用直方图来辅助分析会更轻松，效果如图 2-20 所示。

图 2–20

2. 修正曝光过度的照片

要修正曝光过度的照片，主要是增加暗色调部分的像素。在Photoshop CS3中打开照片文件，然后按【Ctrl+J】组合键，创建新图层。

1 单击“图像”菜单项，选择“调整”→“色阶”命令。

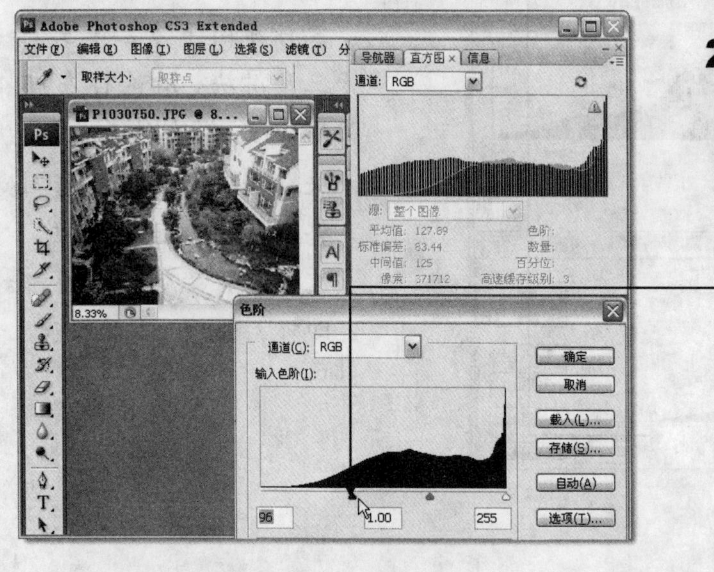

2 在打开的“色阶”对话框中，按住鼠标左键不放，拖动色阶调整板最左边的黑色三角滑块▲向右移动。一边滑动一边观察图像的变化，调整到图像合适为止，如图2-21所示，然后单击“确定”按钮即可。

图 2–21

小提示：这里，调整色阶之后，虽然平均值正常了，但是标准偏差值仍然很高，为83.44。要使得标准偏差值正常化，还得使用“亮度/对比度”命令来调整。

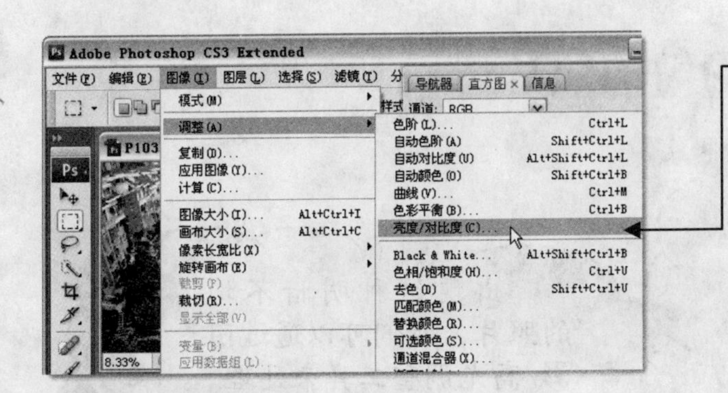

3 单击“图像”菜单项，在弹出的菜单中选择“调整”→“亮度/对比度”命令，如图 2-22 所示。

图 2-22

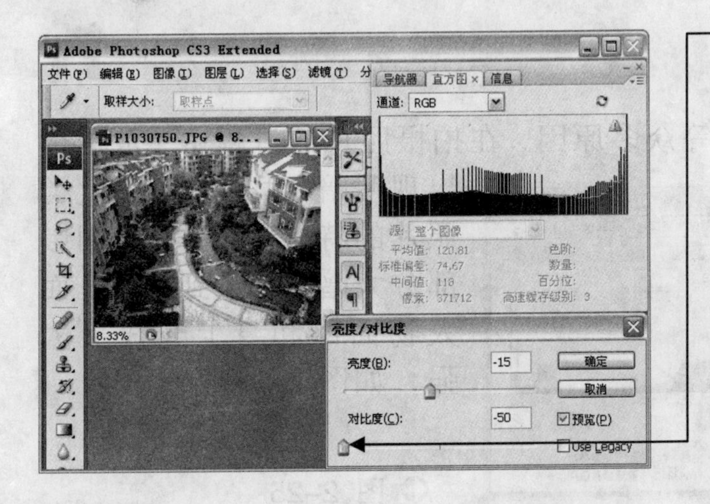

4 在打开的“亮度/对比度”对话框中，可以看到有两个调整滑块，可以分别调整亮度和对比度。按住鼠标左键不放，向左移动对比度的滑块来降低对比度，直到标准偏差值接近正常值为止，如图 2-23 所示，然后单击“确定”按钮。

图 2-23

曝光过度的照片经过修改的最终效果如图 2-24 所示。

图 2-24

2.3.3 修正明暗不均匀的照片

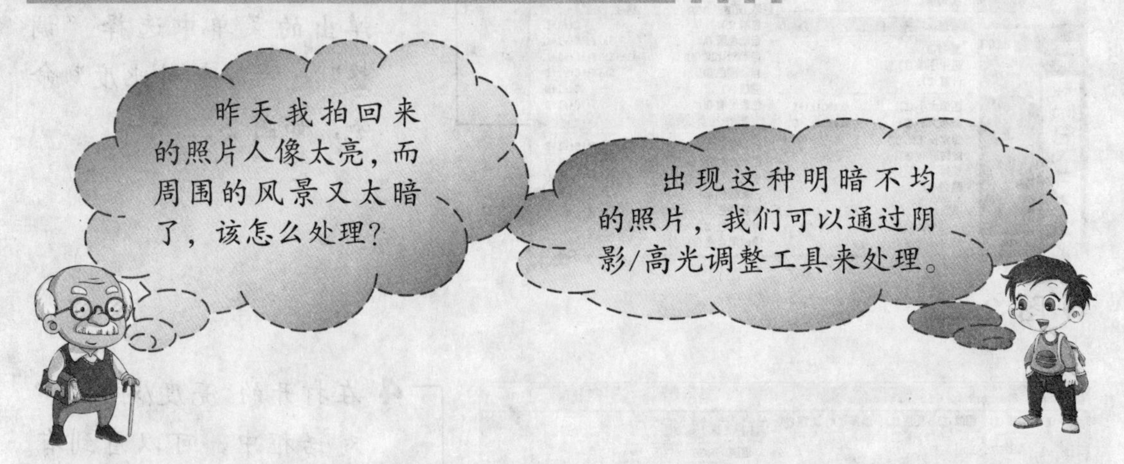

由于拍摄位置、光线等众多原因，在拍摄照片的过程中，常常会出现明暗不均的照片。此类照片的特点是：景物的阴影部分太暗，看不到细节，而人物面部和身上光线又太强，如图 2-25 所示。

图 2-25

从图中的色调统计数据来看其平均值只有 65.17，相对正常值显得相当低，但是照片的标准偏差却不低。要使得照片恢复正常，可以使用阴影/高光工具来调整。

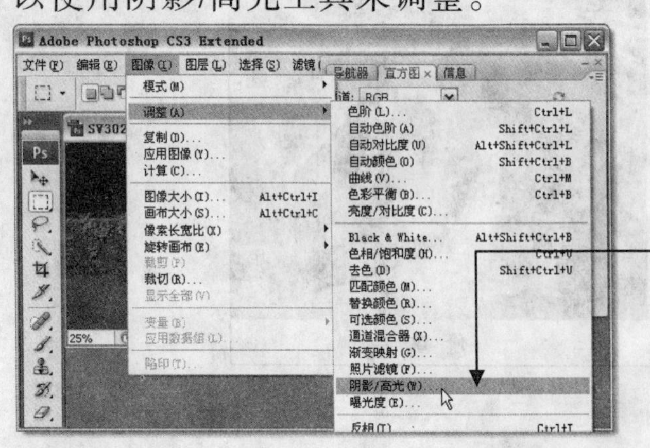

1 单击“图像”菜单项，在弹出的菜单中选择“调整”→“阴影/高光”命令，如图 2-26 所示。

图 2-26

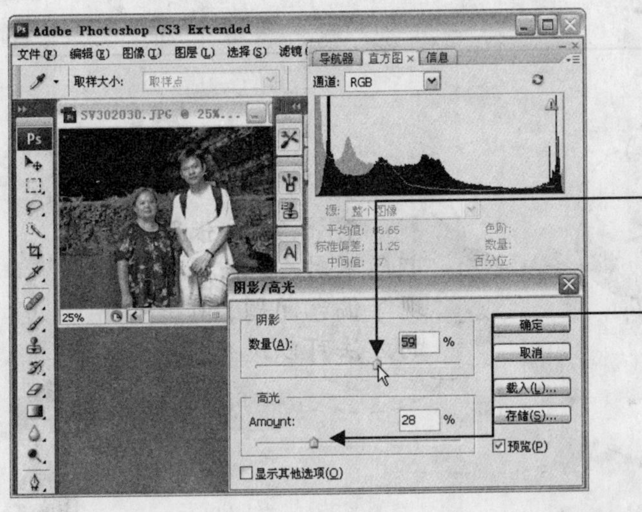

2 在打开的“阴影/高光”对话框中，可以分别调整阴影和高光。按住鼠标左键不放，向右移动调整阴影的滑块来提高阴影亮度，如图 2-27 所示。

3 按住鼠标左键不放，向右移动调整高光的滑块来抑制高光亮度，直到调整到恰当的位置，然后单击“确定”按钮即可。

图 2–27

小提示：阴影和高光两个亮度调整滑块的作用是不同的，一个在提高阴影亮度，而另一个在抑制高光亮度。

将原图与修改过的照片比较一下，可以发现照片背景暗色部分的亮度提高了不少，在保持人物亮度不变的情况下，背景的岩壁清晰了许多，如图 2–28 所示。

图 2–28

小知识：对于逆光下拍摄出来的背景过亮而人物过暗的照片，也可以使用阴影/高光工具来轻松地进行修改。

2.4 调整偏色照片

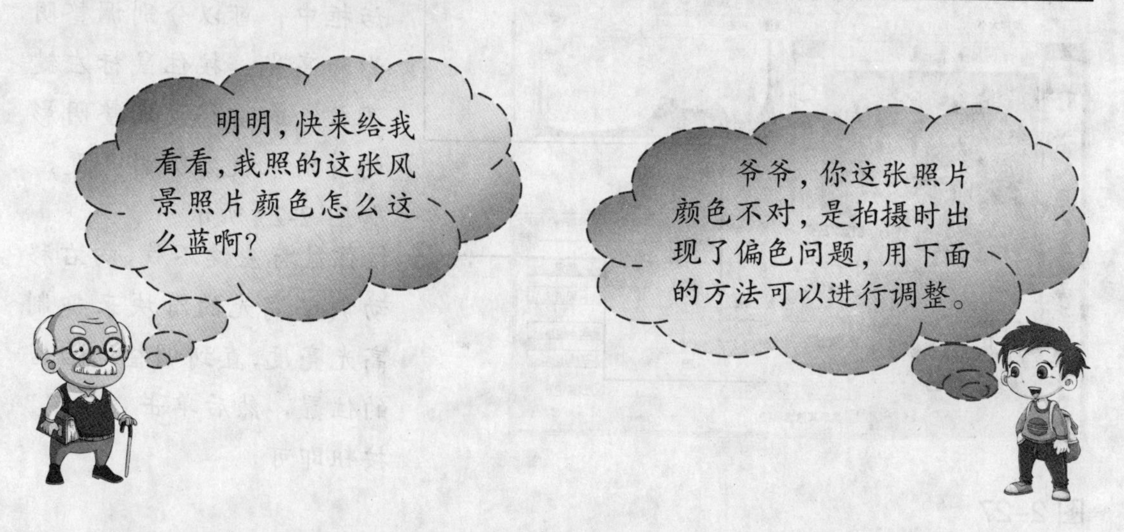

由于设计理念和技术等多方面的原因，数码相机拍摄出来的照片有时会出现由于色彩还原不准而发生偏色的情况。除了机器自身的原因外，在复杂的光线环境下往往也会有偏色的情况发生。

下面就来介绍一下如何修复偏色的数码照片。使用 Photoshop CS3 中的色彩平衡功能，可以很好地修复出现偏色问题的照片。

打开一张颜色偏蓝的照片，利用直方图的颜色分布图可以比较直观地查看色彩情况。

1 打开直方图，单击“通道”下拉按钮，在弹出的下拉列表中选择“颜色”选项，如图 2-29 所示。

2 由图中可以明显地看出蓝色像素占据了很大的比重，致使照片偏蓝。

图 2-29

小知识：在直方图的“颜色”模式中可以看到不同亮度区域、不同色彩分开显示的像素分布情况。

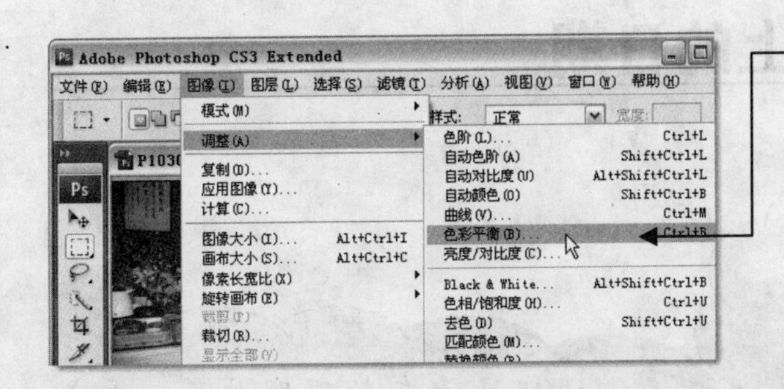

3 单击“图像”菜单项，选择“调整”→“色彩平衡”命令，如图 2-30 所示。

图 2-30

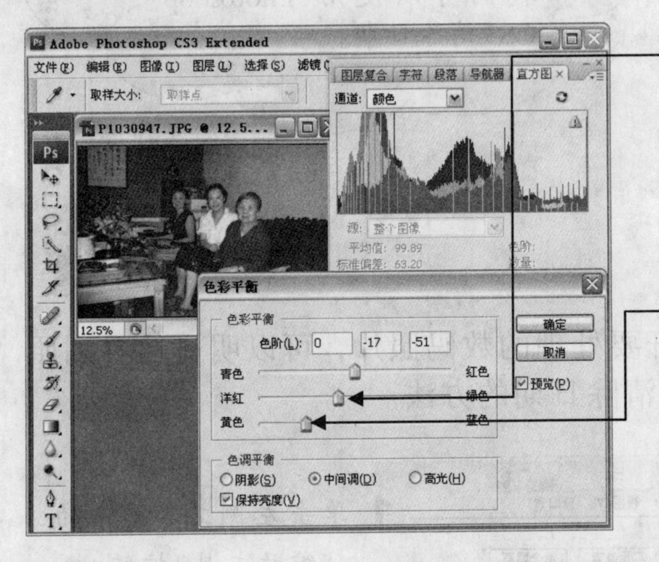

4 弹出“色彩平衡”对话框，用鼠标将滑块向“洋红”一边移动，增加洋红成分，如图 2-31 所示。

5 用鼠标将滑块向“黄色”一边移动，增加黄色成分。直至偏蓝照片的色彩恢复正常为止，然后单击“确定”按钮。

图 2-31

小知识：在弹出的“色彩平衡”对话框中有 3 个滑块，分别用于红、绿、蓝色彩的调节。

色彩偏蓝的照片在经过色彩平衡工具的调整后，颜色即可恢复正常，如图 2-32 所示。

修 改 前

修 改 后

图 2-32

2.5 去除数码照片上的日期

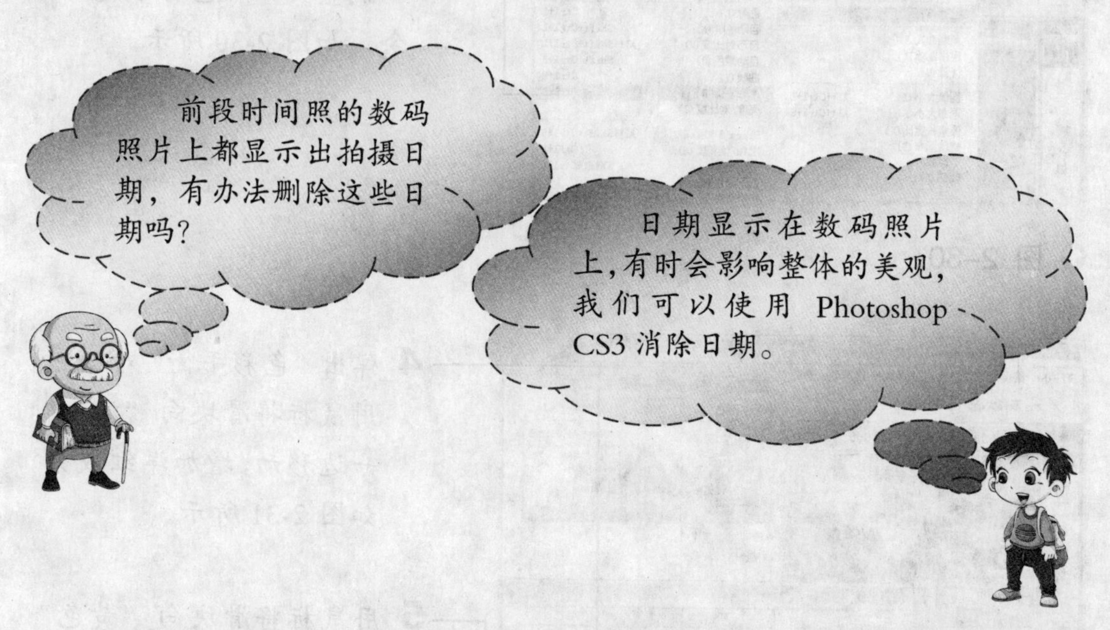

在 Photoshop CS3 中打开要处理的数码照片，可以明显地看到照片右下方的日期，下面介绍清除日期的方法。

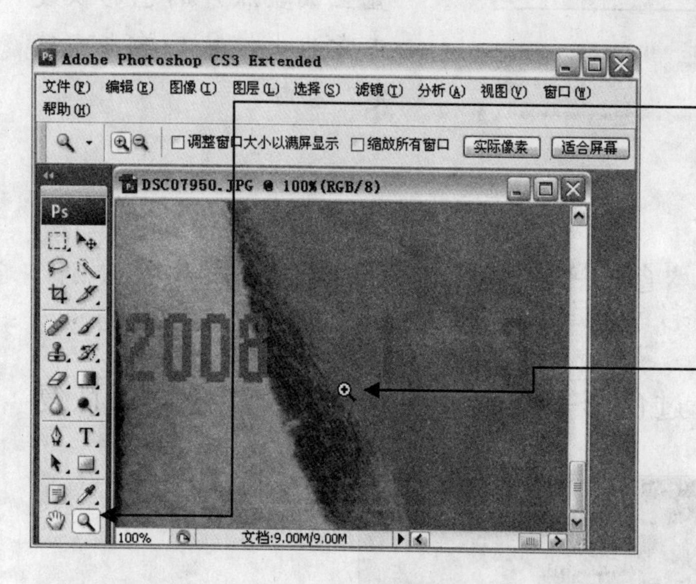

1 单击左侧工具箱中的“缩放工具”按钮，移动鼠标到图像区域，如图 2-33 所示。

2 当鼠标指针变为形状后，单击鼠标左键局部放大需要处理的部分。

图 2-33

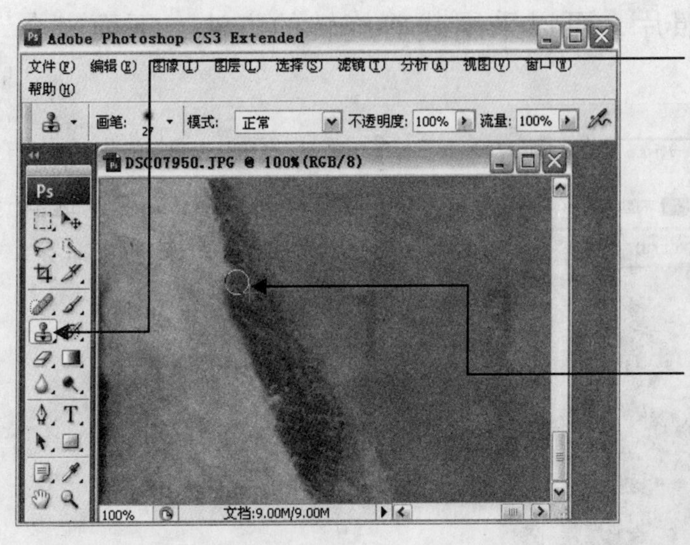

图 2-34

3 单击“仿制图章工具”按钮，按住【Alt】键不放，移动鼠标到图中与擦除后要得到的颜色相似的颜色区域，单击鼠标左键。

4 松开【Alt】键，按住鼠标左键不放，来回移动鼠标清除照片上的日期文字，如图 2-34 所示。

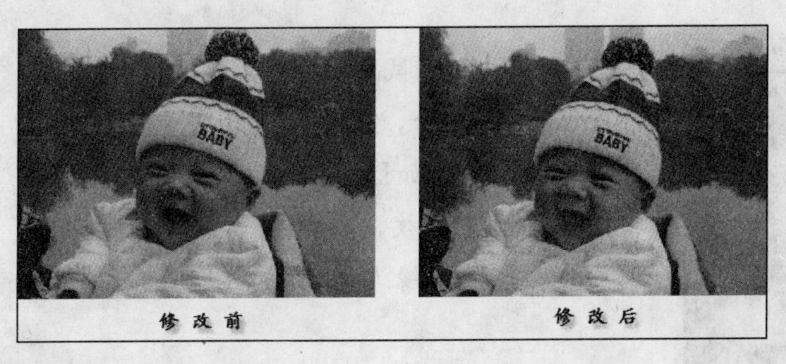

将照片上的日期文字全部清除后，保存即可，效果如图 2-35 所示。

图 2-35

2.6 调整倾斜的照片

我在拍摄的时候，把人物给拍斜了，有什么方法能把照片上的人物摆正吗？

要调整人物倾斜的照片，可以采用裁剪旋转的方法，下面来介绍这种方法。

1 单击左侧工具箱中的“裁剪工具”按钮，选择照片中需要保留的部分，如图 2-36 所示。

图 2-36

2 移动鼠标到裁剪线边缘的控点外，当鼠标指针变成旋转符号时，如图 2-37 所示，按住鼠标左键不放，旋转裁剪框，使裁剪框上边缘与人体方向垂直。

图 2-37

3 旋转裁剪框后，调整裁剪框的大小，框住需要的景物，如图 2-38 所示。

4 调整完毕后，双击鼠标左键或者直接按下【Enter】键，即可将照片中的人物摆正。

图 2-38

最终效果如图 2-39 所示。

图 2-39

2.7 处理人物模糊的照片

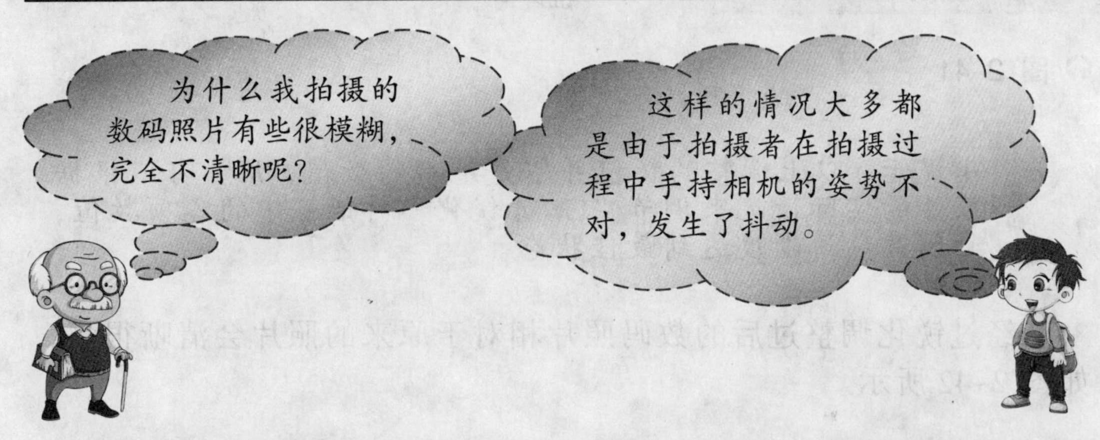

出于各种原因，使用数码相机拍摄的照片发生模糊的情况很普遍。对于严重模糊的照片基本上是无法修复的，不过对于轻微模糊的照片，通过 Photoshop CS3 的处理是可以让照片清晰起来的。

1 单击“滤镜”菜单项，在弹出的菜单中选择“锐化”→“USM 锐化”命令，如图 2-40 所示。

图 2-40

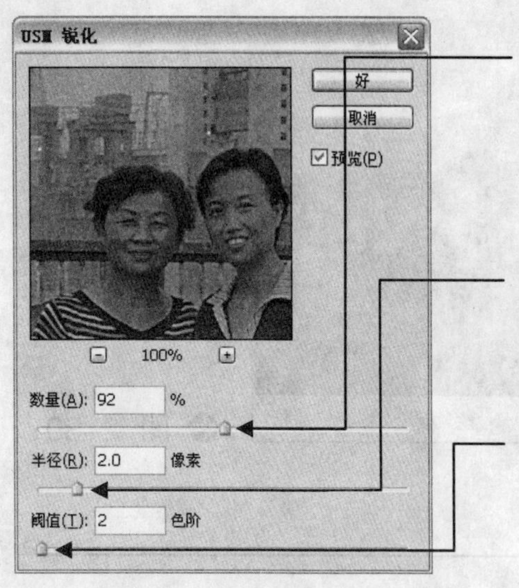

2 在弹出的“USM 锐化”对话框中，拖动“数量”滑块，将数量值设置为 92%，如图 2-41。

3 拖动“半径”滑块，将半径值设置为 2.0 像素。

4 拖动“阈值”滑块，将阈值设置为 2 色阶。调整到照片清晰后单击“确定”按钮即可。

图 2-41

小提示：以上调整的数值并不是绝对的数值，用户可以根据照片的实际情况来调节“USM 锐化”对话框中的各项数值，让照片的清晰度达到最佳状态。

经过锐化调整过后的数码照片相对于原来的照片会清晰很多，如图 2-42 所示。

图 2-42

2.8 去除数码照片中的杂色

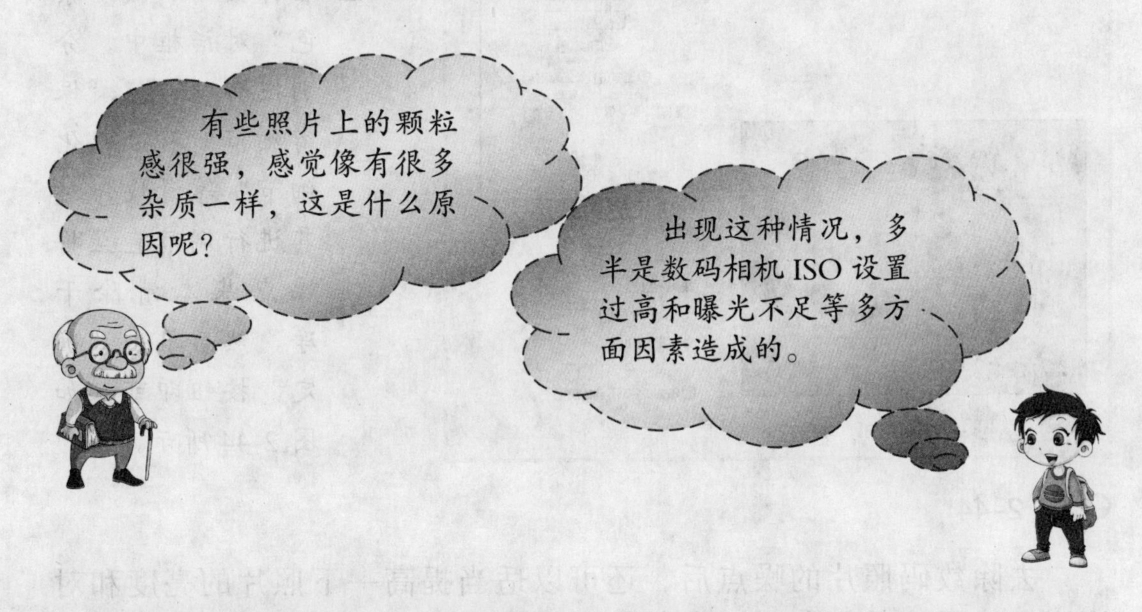

使用 Photoshop CS3 中的减少杂色工具可以有效地去除数码照片中的杂色。

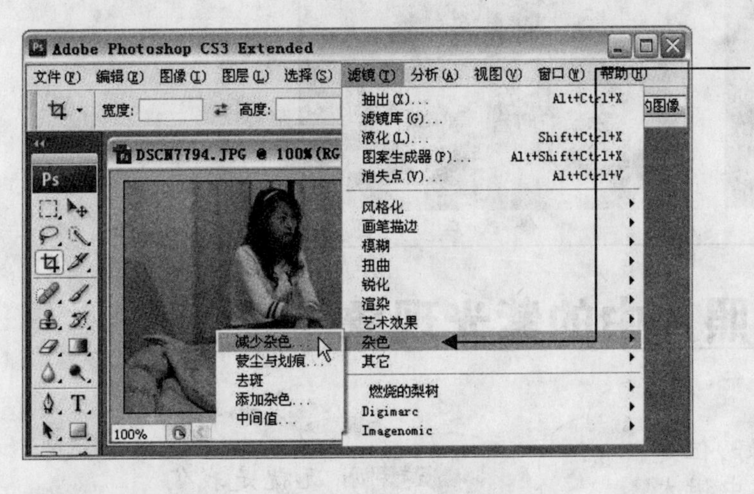

1 单击“滤镜”菜单项，在弹出的菜单中选择“杂色”→“减少杂色”命令，如图 2-43 所示。

图 2-43

小提示：如果在 Photoshop CS3 的“杂色”子菜单中没有“减少杂色”命令，用户还需要从网上下载名为“Noiseware”的插件并进行安装，才能使用。

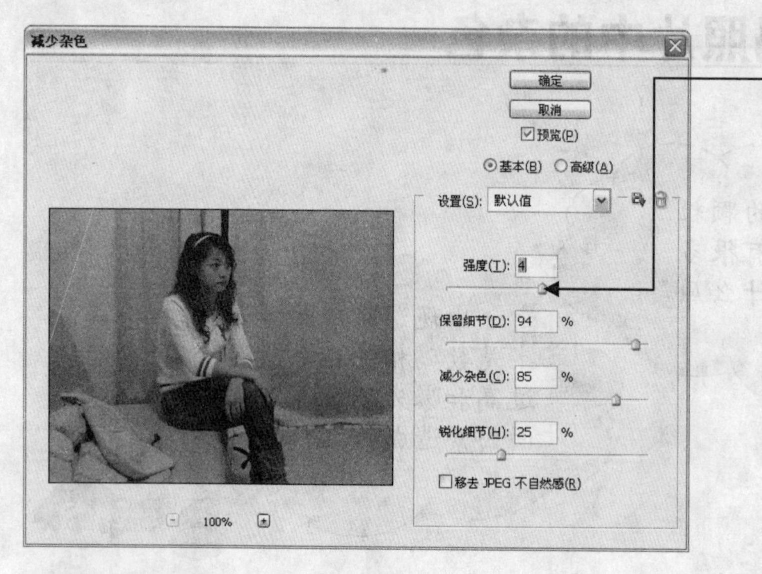

2 在弹出的“减少杂色”对话框中，分别拖动“强度”、“保留细节”和“锐化细节”等滑块，对其进行调节直至将噪点基本清除干净，然后单击“确定”按钮即可，如图 2-44 所示。

图 2–44

去除数码照片的噪点后，还可以适当提高一下照片的亮度和对比度，让照片看起来更加清晰自然，如图 2–45 所示。

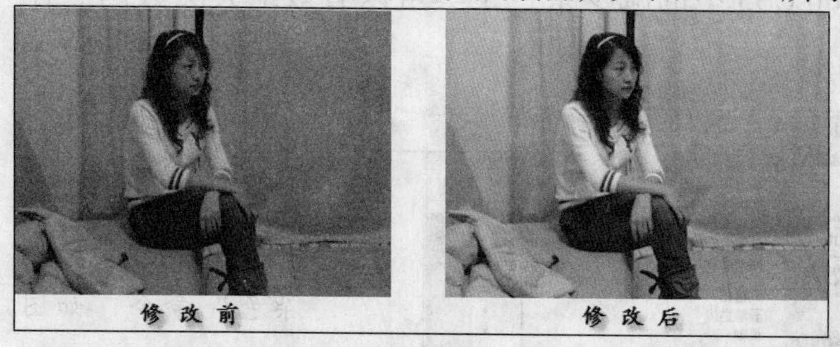

图 2–45

2.9 去除数码照片中的紫光现象

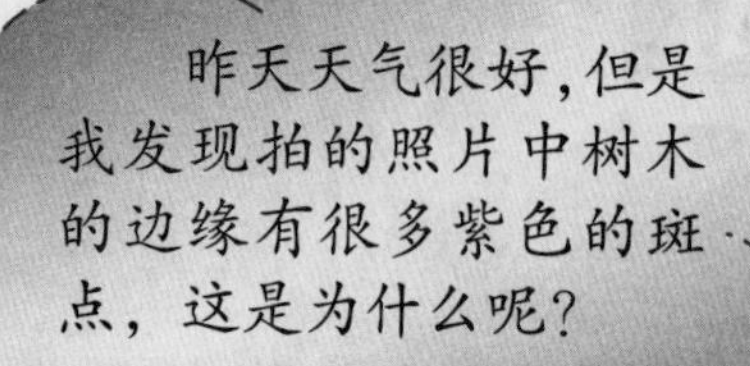

这种情况就是我们常说的紫边，它是由于拍摄过程中被摄物体反差过大造成的。

在照片的高光与低光交界的部分通常会发生紫光现象，颜色通常呈紫色或蓝色。下面就来介绍一下清除紫边的方法。

图 2-46

1 用 Photoshop CS3 打开数码照片文件，使用工具箱中的缩放工具放大照片中有紫边的部分，可以看到明显的紫边，如图 2-46 所示。

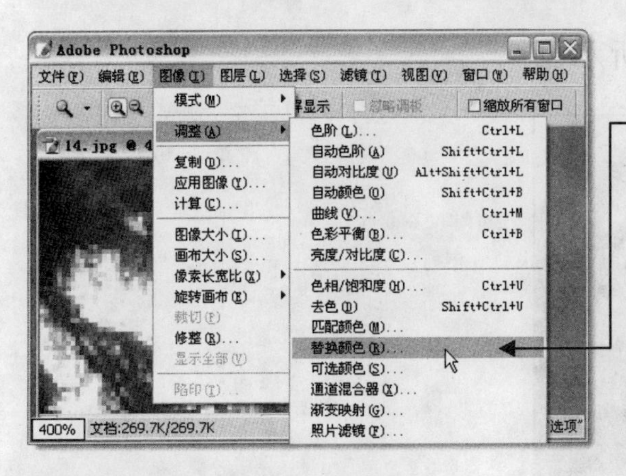

图 2-47

2 单击“图像”菜单项，在弹出的菜单中选择“调整”→“替换颜色”命令，如图 2-47 所示。

图 2-48

3 在弹出的“替换颜色”对话框中，如图 2-48 所示，单击“选区”栏中的“吸管”按钮。然后在选区图像紫色的部分上单击鼠标左键。

4 向右拖动“颜色容差”滑块，来增大颜色容差率。

5 向左拖动“饱和度”滑块，降低紫色的饱和度。调整完毕后，单击“好”按钮。

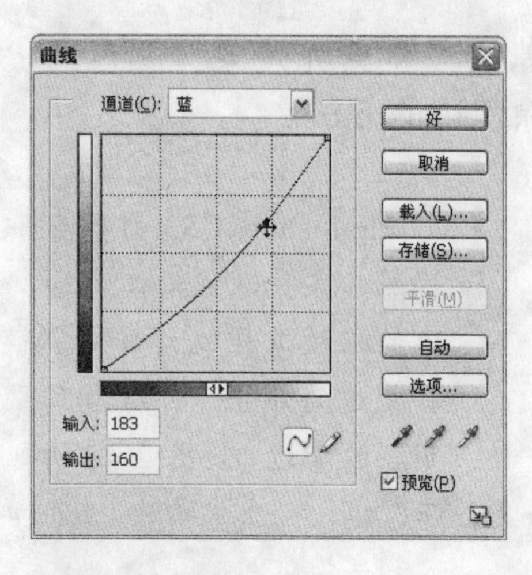

图 2-49

6 使用“替换颜色”命令后，照片会显得有些灰暗。此时选择“图像”→“调整”→“曲线”命令。

7 在弹出的“曲线”对话框中，如图 2-49 所示，选择“通道”下拉列表中的蓝色通道，然后向下调整曲线，然后单击“好”按钮即可。

照片的处理效果如图 2-50 所示。

图 2-50

2.10 疑难解答

：我最近拍出的数码照片颗粒感都很强是怎么回事呢？

：出现这种情况多半是拍摄环境过于昏暗或者数码相机的 ISO 设置太高造成的。在光线比较暗的情况下，把 ISO 调高，会降低快门速度，可以避免照片过于模糊。但是有得必有失，高 ISO 设置拍出来的照片颗粒感很强。建议在昏暗环境拍摄照片时使用三脚架，并降低 ISO 的设置。

：用数码相机拍摄一些物品时经常会出现偏色现象，例如拍紫色的物品会显示成蓝色，这是数码相机出问题了吗？

：不是，出现这种情况的原因多半是数码相机的白平衡设置不对。如果在室内拍照，调整一下相机的白平衡设置即可解决问题。

：我刚买的数码相机拍出的数码照片有时会出现一片紫色，朋友说这是紫光现象，会不会是相机有问题？

：紫光是拍摄时镜头直对强的点光源所造成的眩光，环境光线越暗，点光源的强度越大，这种现象就越明显。紫光现象也属于正常现象，不是相机的故障。

：两头大中间小和两头小中间凸起的两种直方图分别表示什么意思啊？

：在直方图中，两头大中间小表示对比度大，两头大说明阴影和高光的区域特别多；相反，中间凸出则表示对比度小，如图 2-51 所示。

图 2-51

第 3 章

数码照片特效处理

本章热点：

★ 制作下雨效果
★ 制作积雪效果
★ 制作铅笔素描效果
★ 制作水彩画效果

不知不觉已经拍摄了百多张数码照片了，感觉拍的都十分普通。可以让这些照片像网上那些照片一样多姿多彩吗？

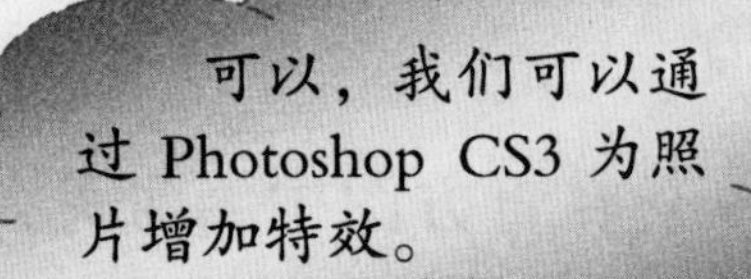

3.1 制作下雨效果

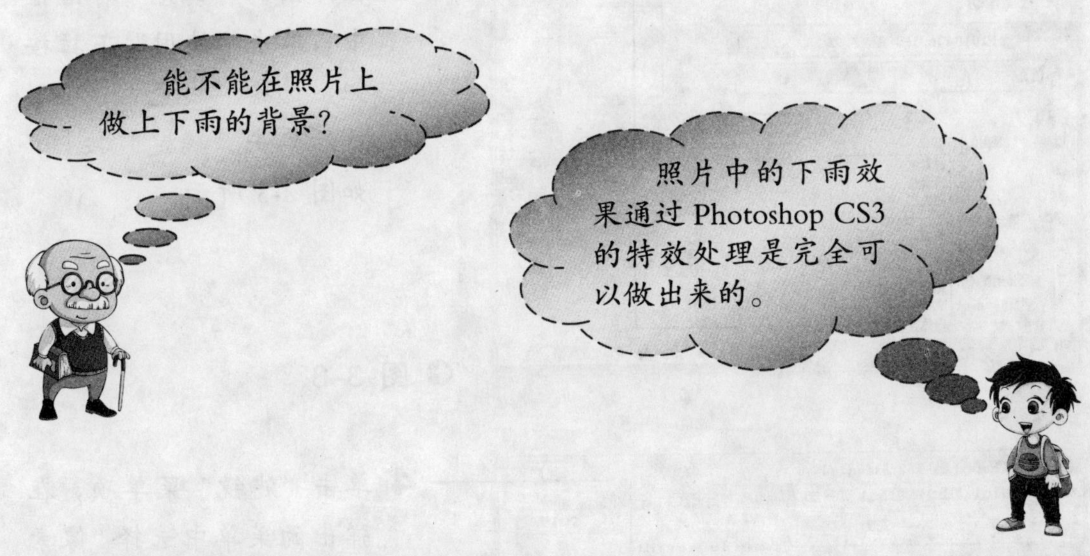

在雨中拍摄的照片往往会给人以别样的艺术效果，下面来介绍一下如何制作下雨的特效。

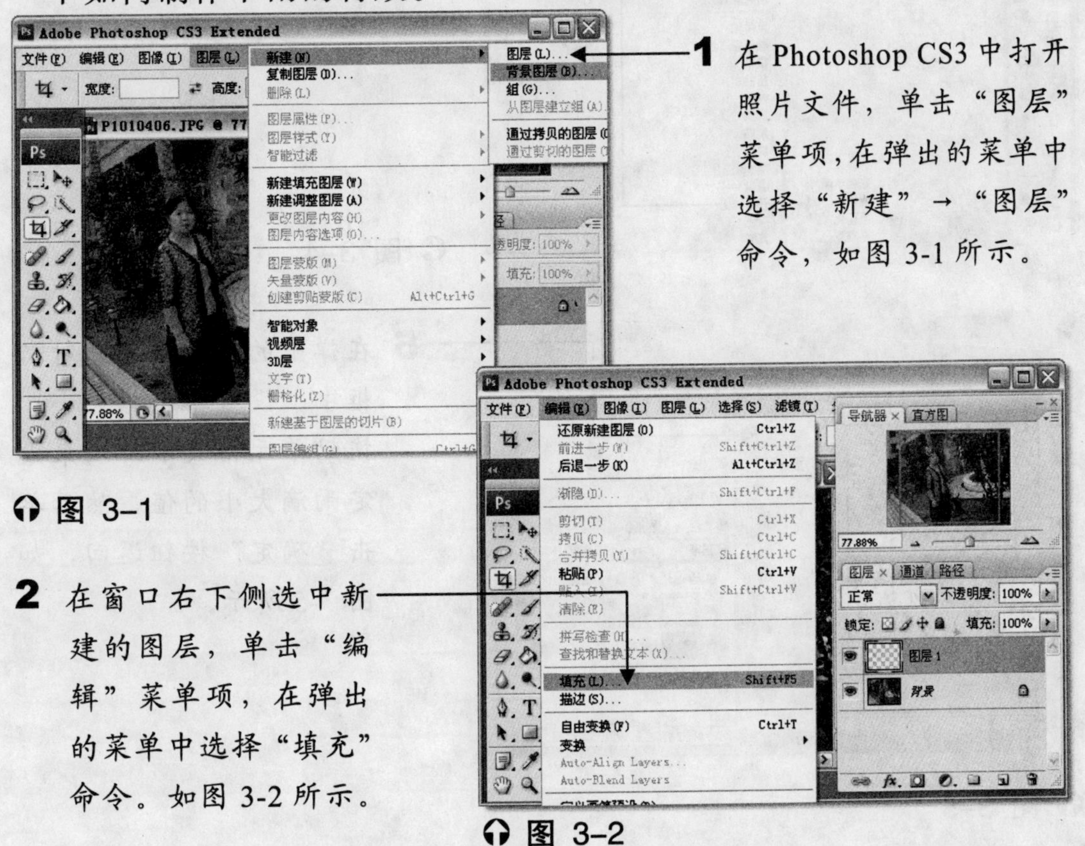

1 在 Photoshop CS3 中打开照片文件，单击“图层”菜单项，在弹出的菜单中选择“新建”→“图层”命令，如图 3-1 所示。

图 3-1

2 在窗口右下侧选中新建的图层，单击“编辑”菜单项，在弹出的菜单中选择“填充”命令。如图 3-2 所示。

图 3-2

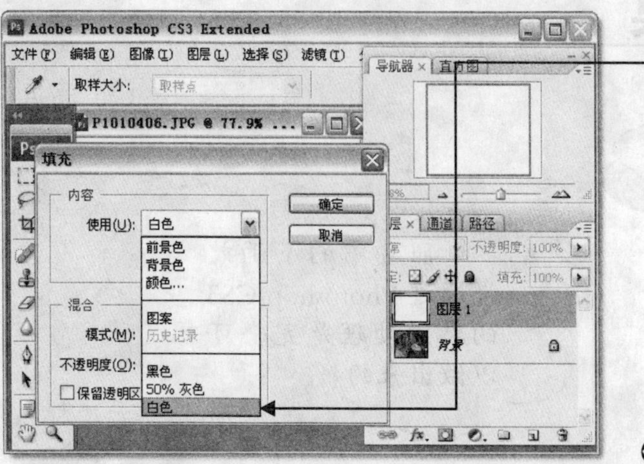

3 在弹出的“填充”对话框中，单击“使用”下拉按钮，选择“白色”选项，然后单击“确定”按钮，如图 3-3 所示。

图 3-3

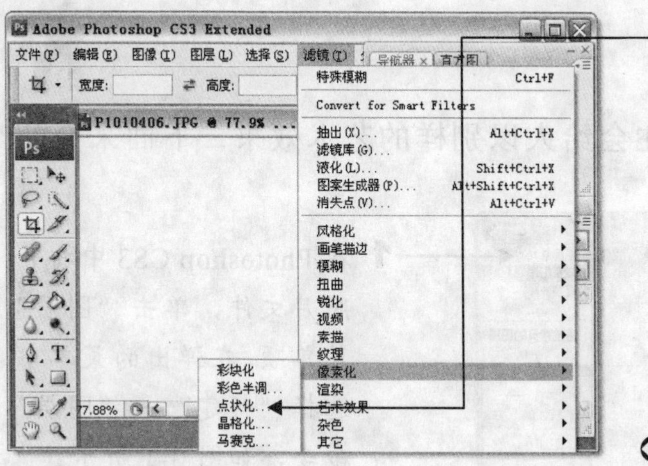

4 单击“滤镜”菜单项，在弹出的菜单中选择“像素化”→“点状化”命令，如图 3-4 所示。

图 3-4

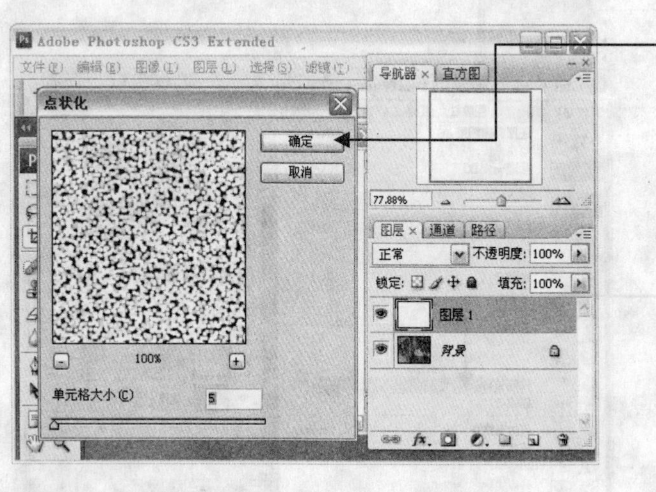

5 在弹出的“点状化”对话框中，设置单元格大小。拖动单元格大小滑块来设定雨滴大小的值，然后单击“确定”按钮返回，如图 3-5 所示。

图 3-5

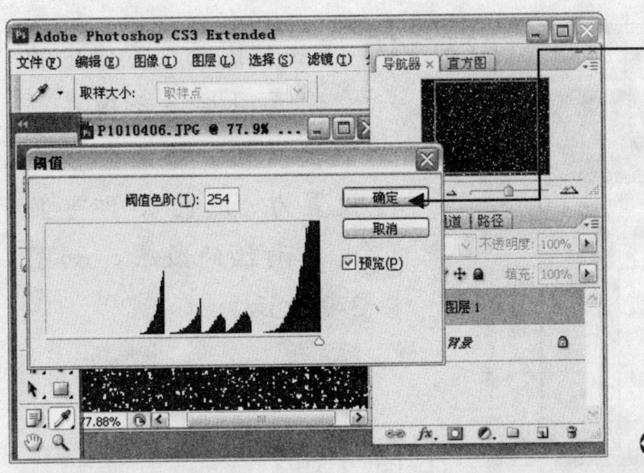

6 单击“图像”菜单项，在弹出的菜单中选择“调整”→“阈值”命令。在弹出的“阈值”对话框中，将阈值色阶参数值设置为“254”，然后单击“确定”按钮，如图 3-6 所示。

图 3-6

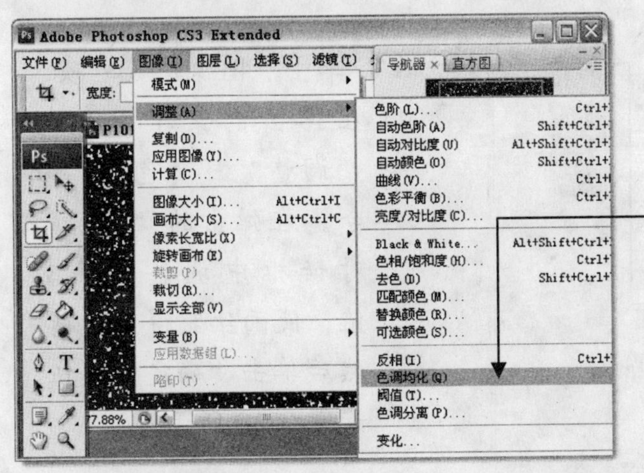

7 单击“图像”菜单项，在弹出的菜单中选择“调整”→“色调均化”命令，使得点状化效果更加清晰，如图 3-7 所示。

图 3-7

8 单击“滤镜”菜单项，在弹出的菜单中选择“模糊”→“动感模糊”命令。

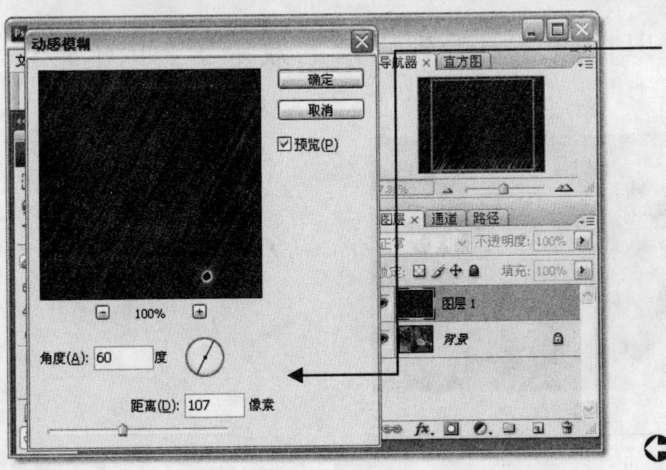

9 在弹出的“动感模糊”对话框中，设置雨丝的角度（60）和距离（107），然后单击“确定”按钮，如图 3-8 所示。

图 3-8

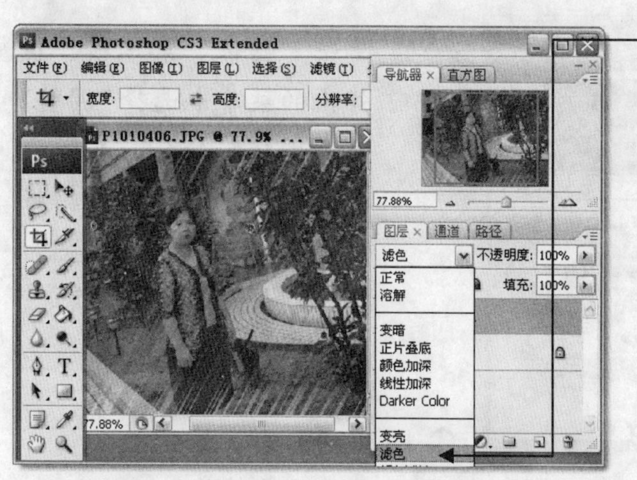

10 单击“图层”窗格中的“设置图层混合模式”下拉按钮，将混合模式设置为“滤色”，即可显出出雨丝的效果，如图3-9所示。

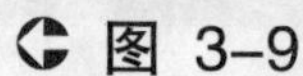

图 3-9

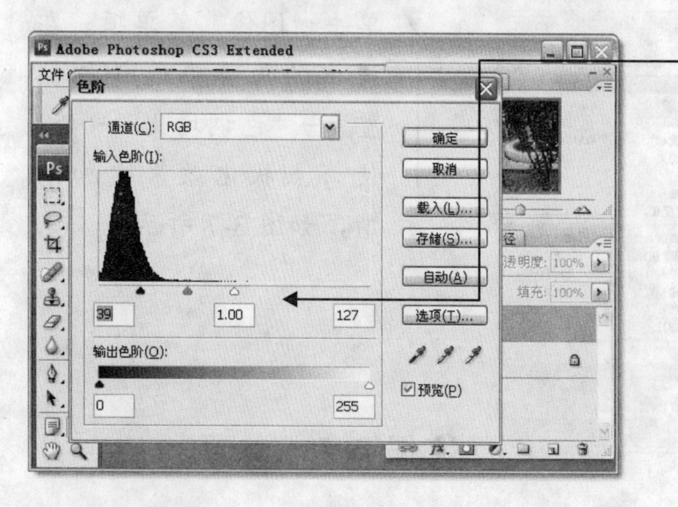

11 单击“图像”菜单项，在弹出的菜单中选择“调整”→“色阶”命令。在弹出的“色阶”对话框中调整各参数值，使雨丝变得更清晰，然后单击“确定”按钮，如图3-10所示。

图 3-10

完成以上设置后，就可以在照片中看到雨丝的效果了，如图3-11所示。

图 3-11

3.2 制作水彩画效果

利用 Photoshop CS3 的水彩画工具，即使不会画水彩画，也可以将拍出来的数码照片轻松处理成水彩画的效果。

1 在 Photoshop CS3 中打开照片文件，单击“滤镜”菜单项，在弹出的菜单中选择“模糊”→“特殊模糊”命令。

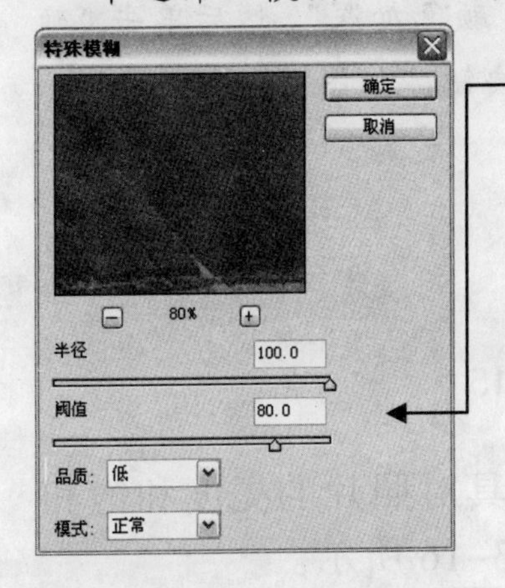

图 3-12

2 在打开的“特殊模糊”对话框中，分别拖动“半径”和“阈值”两个滑块来设置模糊值，设置完成后单击“确定”按钮，如图 3-12 所示。

3 单击“滤镜”菜单项，在弹出的菜单中选择“艺术效果”→“水彩”命令。

4 在弹出的“水彩”对话框中设置画笔细节和纹理参数值，完成后单击“确定”按钮，如图 3-13 所示。

图 3-13

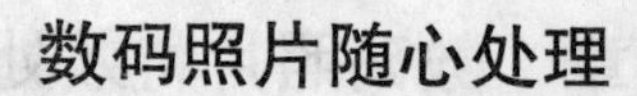

5 单击“滤镜”菜单项，在弹出的菜单中选择“艺术效果”→“绘画涂抹”命令。

图 3-14

6 在弹出的“绘画涂抹”对话框中设置画笔大小和锐化程度，完成后单击“确定”按钮，如图 3-14 所示。

7 单击“编辑”菜单项，在弹出的菜单中选择“渐隐绘画涂抹”命令。

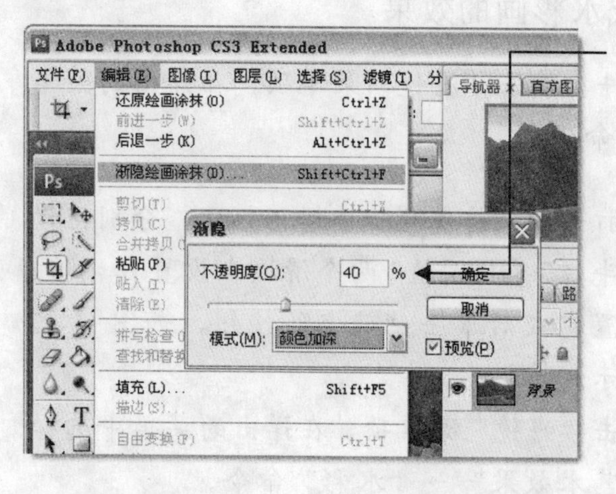

8 在弹出的“渐隐”对话框中，设置不透明度为 40%左右，将模式改为“颜色加深”，然后单击“确定”按钮，如图 3-15 所示。

图 3-15

完成设置后，利用曲线和色相/饱和度工具对照片的亮度和饱和度进行调整，直到感觉满意为止，效果如图 3-16 所示。

图 3-16

3.3 制作积雪效果

我想拍摄一点雪景照片，但是我们这里又不下雪。有办法让照片上实现雪景的效果吗？

我们可以通过 Photoshop CS3 强大的功能来轻松修改出一张积雪照片。

处在南方地区的人往往很少有机会见到雪，当然也就很少有机会能拍到积雪的画面。通过在拍摄的照片中加入雪景效果，我们一样能达到与真实积雪环境一样的效果。

图 3-17

1 在 Photoshop CS3 中打开照片文件，单击“窗口”菜单项，在弹出的菜单中选择“通道”命令，弹出“通道”窗格。

2 在“通道”窗格中，依次选择红、绿、蓝 3 个单色通道，观察对比度，如图 3-17 所示。

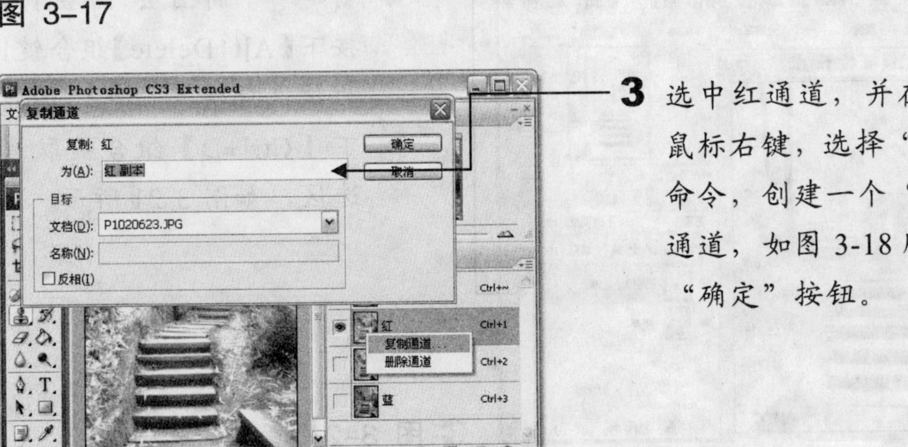

3 选中红通道，并在其上单击鼠标右键，选择“复制通道”命令，创建一个“红 副本”通道，如图 3-18 所示，单击“确定”按钮。

图 3-18

4 选中“红 副本”通道，单击“滤镜”菜单项，在弹出的菜单中选择“艺术效果”→“胶片颗粒”命令。

5 在弹出的“胶片颗粒”对话框中，依次对“颗粒”、“高光区域”和“强度”3项参数进行设置，如图3-19所示，完成后单击“确定”按钮。

图 3-19

6 按住【Ctrl】键不放，单击“红 副本”通道，载入该通道选区，然后切换到“图层”窗格中。

7 在左侧的工具箱中将前景色设置为白色，背景色设置为黑色，如图3-20所示。

图 3-20

8 创建一个新图层“图层1”，按下【Alt+Delete】组合键，为该选区填充白色，再按下【Ctrl+D】组合键取消选区，如图3-21所示。

图 3-21

9 单击“图层”菜单项，在弹出的菜单中选择“图层样式”→“混合选项”命令。

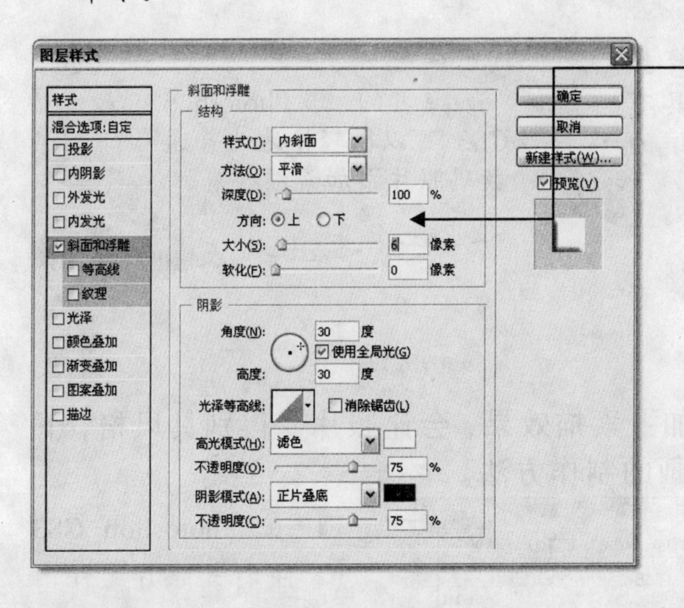

10 在弹出的“图层样式”对话框中，在左侧选中“斜面和浮雕”复选框，在右侧设置“深度”和“大小”参数来增加积雪的厚度和质感，然后单击“确定”按钮，如图 3-22 所示。

图 3-22

对照片中的景色添加积雪效果后，再使用“曲线”和“色相/饱和度”等命令对照片的光线和色调进行调整，使得积雪更加接近自然效果，如图 3-23 所示。

图 3-23

3.4 制作铅笔素描效果

将普通的数码照片添加上素描效果，会让照片变得别具风格，下面就来介绍一下铅笔素描画的制作方法。

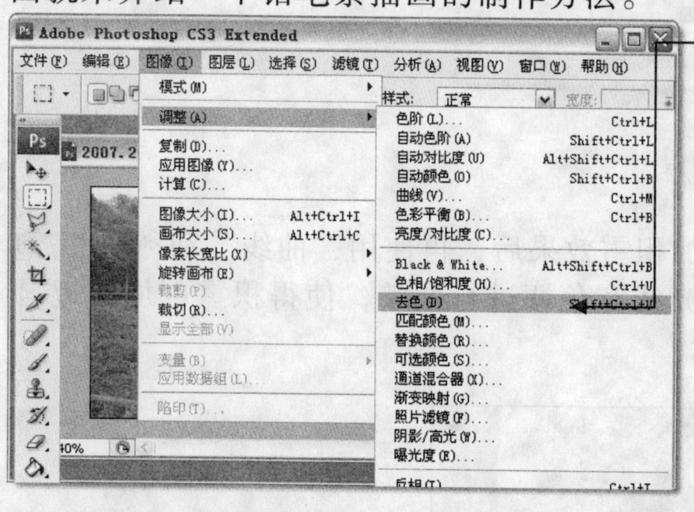

1 在 Photoshop CS3 中打开照片文件，单击“图像”菜单项，在弹出的菜单中选择“调整”→“去色”命令，如图 3-24 所示。

图 3-24

2 按下【Ctrl+J】组合键，复制背景图层，得到一个新的图层“图层 1”，如图 3-25 所示。

图 3-25

3 单击“图像”菜单项，选择“调整”→“反相”命令。

4 单击“滤镜”菜单项，选择“模糊”→“高斯模糊”命令。

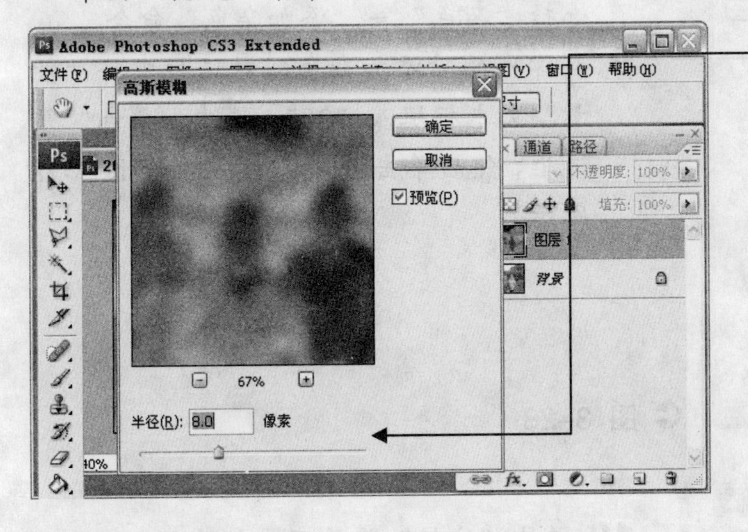

5 在弹出的“高斯模糊”对话框中设置半径像素值，然后单击“确定”按钮，如图 3-26 所示。

图 3-26

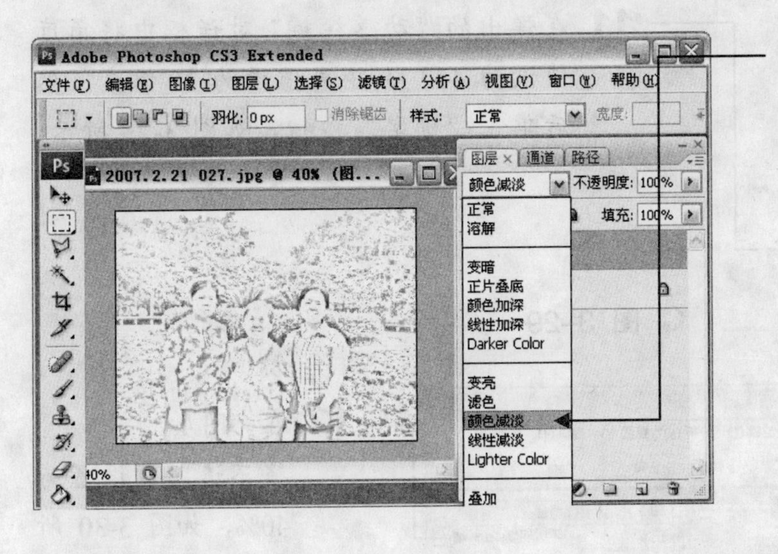

6 在“图层”窗格中将图层混合模式设置成“颜色减淡”，如图 3-27 所示。

图 3-27

7 单击“图层”菜单项，在弹出的菜单中选择“向下合并”命令。然后按下【Ctrl+J】组合键，复制图层，得到新图层“图层 1”。

8 单击“滤镜”菜单项，在弹出的菜单中选择“杂色”→“添加杂色”命令。

9 在弹出的“添加杂色”对话框中将“数量”文本框填入“20”，选中“单色”复选框，然后单击“确定”按钮，如图 3-28 所示。

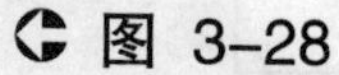
图 3-28

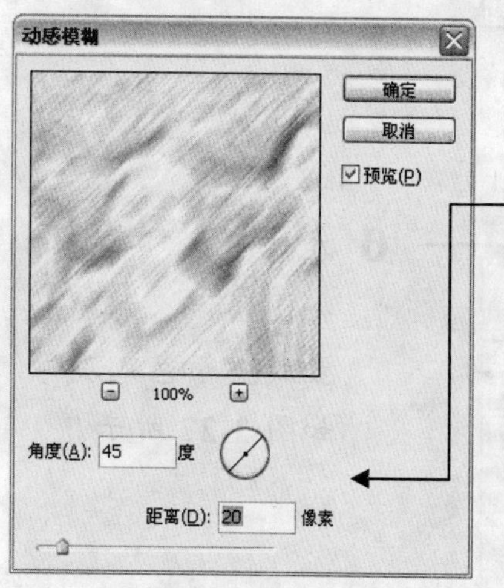

10 单击“滤镜”菜单项，在弹出的菜单中选择“模糊”→“动感模糊”命令。

11 在弹出的“动感模糊”对话框中将角度值设为 45°，距离值设为 20 像素，然后单击“确定”按钮，如图 3-29 所示。

图 3-29

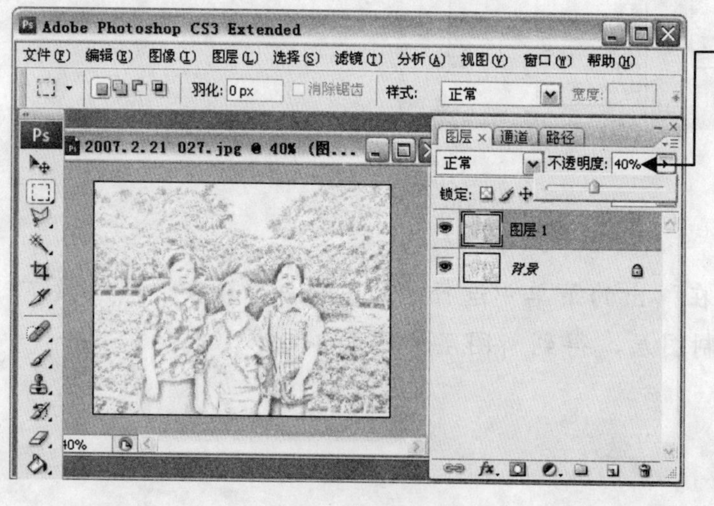

12 在“图层”窗格中，将不透明度设置为 40%，如图 3-30 所示。

图 3-30

13 单击"图像"菜单项，选择"调整"→"色阶"命令。

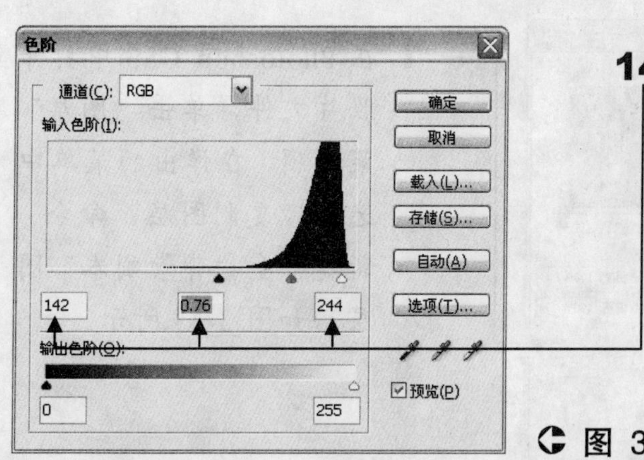

14 在弹出的"色阶"对话框中调整色阶值，完成后单击"确定"按钮即可，如图 3-31 所示。

图 3-31

完成后另存照片，制作成铅笔素描效果的照片和原照片对比，如图 3-32 所示。

图 3-32

3.5 制作铅笔淡彩效果

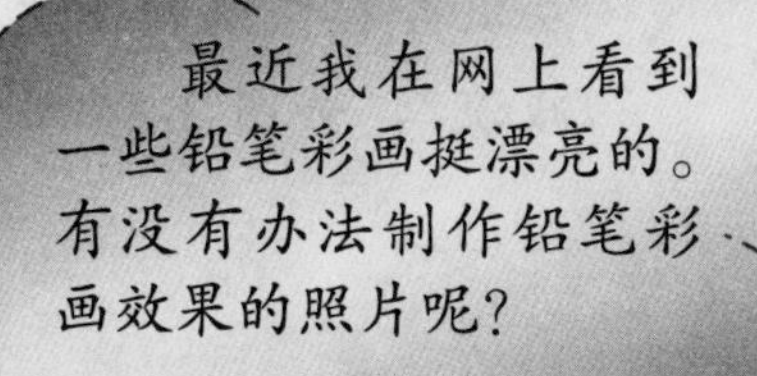

最近我在网上看到一些铅笔彩画挺漂亮的。有没有办法制作铅笔彩画效果的照片呢？

使用 Photoshop CS3 的铅笔淡彩效果工具，可以轻松地制作爷爷看到的那种铅笔彩画效果。

下面介绍一下铅笔淡彩效果照片的制作方法。

1 在 Photoshop CS3 中打开照片文件，单击“图层”菜单项，在弹出的菜单中选择“复制图层”命令。新建一个“背景副本”图层，如图 3-33 所示。

图 3-33

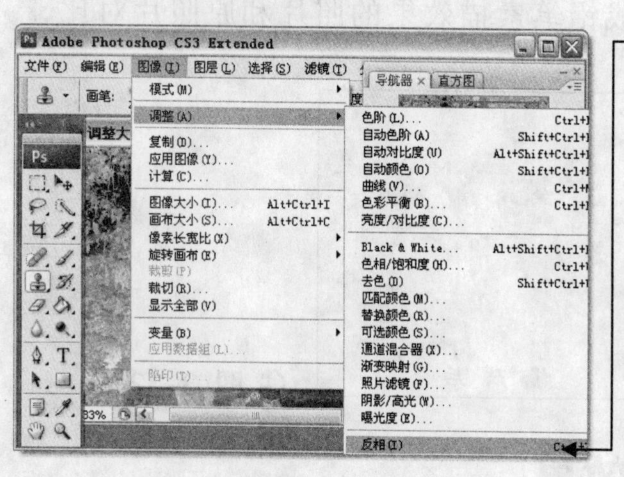

2 单击“图像”菜单项，在弹出的菜单中选择“调整”→“反相”命令，如图 3-34 所示。

图 3-34

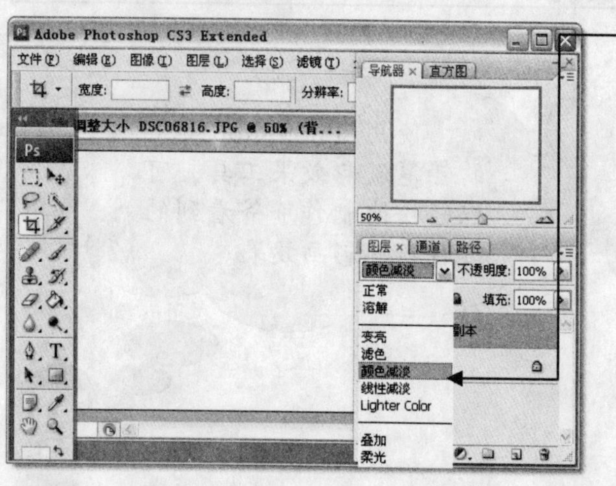

3 在“图层”窗格中，将图层混合模式选择为“颜色减淡”，如图 3-35 所示。

图 3-35

小提示：选择“颜色减淡”选项后，处理的图像会变成白色，该现象为正常现象。

4 单击“滤镜”菜单项，选择“其他”→“最小值”命令。

5 在弹出的“最小值”对话框中，将半径的像素值设置为 3，然后单击“确定”按钮，如图 3-36 所示。

图 3-36

完成上面的操作后，再对照片的色彩饱和度做适当的调整，一幅铅笔淡彩效果的艺术照片就制作完成了，如图 3-37 所示。

图 3-37

3.6 制作彩色漫画效果

昨天给邻家小孙子拍了几张照片，我想把照片弄得有特色点，该怎么办？

为照片添加彩色漫画效果，不但很有特色，还能增添几分童趣。

下面就来介绍一下彩色漫画效果照片的制作方法。

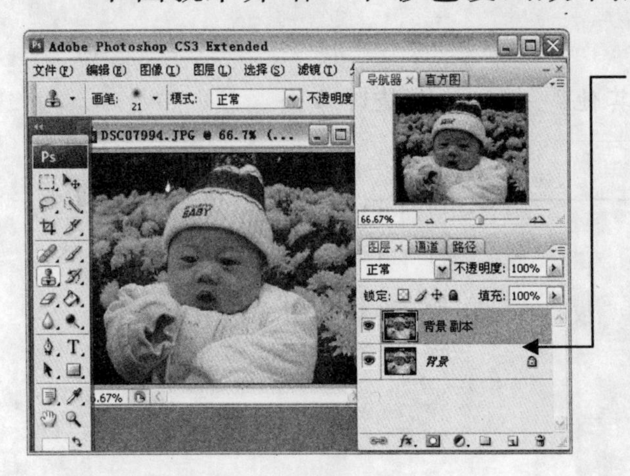

1 在 Photoshop CS3 中打开照片文件，单击“图层”菜单项，选择“复制图层”命令，新建“背景副本”图层，如图 3-38 所示。

图 3-38

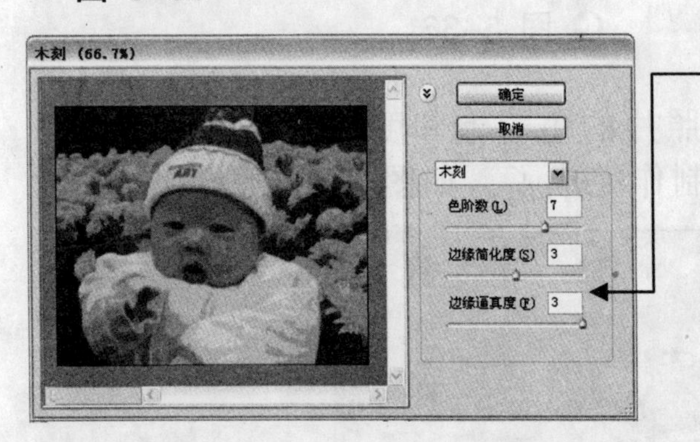

2 单击“滤镜”菜单项，选择“艺术效果”→“木刻”命令。对色阶数、边缘简化度和边缘逼真度的参数值进行设置，如图 3-39 所示，完成后单击“确定”按钮。

图 3-39

3 单击“图层”窗格下部的 按钮，在弹出的下拉菜单中选择“渐变”命令，如图 3-40 所示。

图 3-40

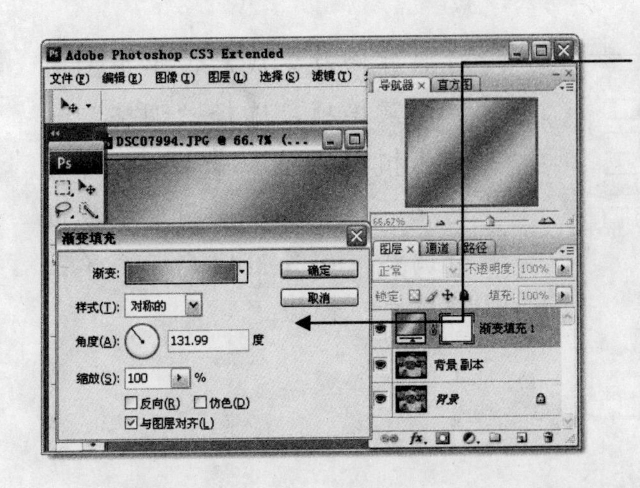

图 3-41

4 在弹出的“渐变填充”对话框中，在“样式”下拉列表中选择“对称的”选项，角度值设置为 131.99°，如图 3-41 所示。

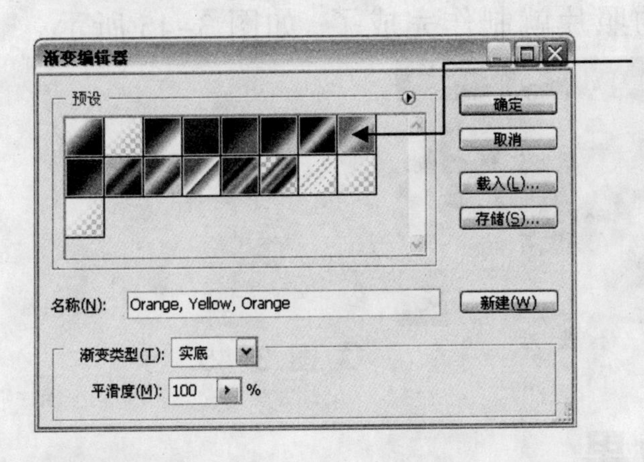

图 3-42

5 然后在“渐变”下拉列表框上单击鼠标左键，在弹出的“渐变编辑器”对话框中选择要变换的颜色（这里选择“Orange, Yellow, Orange”的变化颜色），然后单击“确定”按钮，如图 3-42 所示，返回“渐变填充”对话框后单击“确定”按钮。

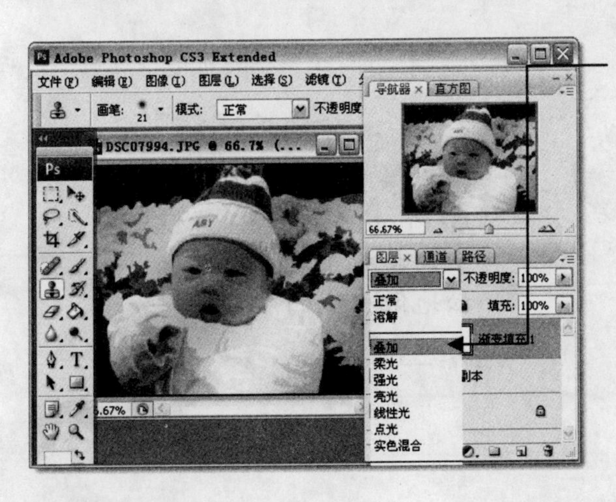

图 3-43

6 将“图层”窗格中的图层混合模式设置为“叠加”，即可制作出漫画风格的照片，如图 3-43 所示。

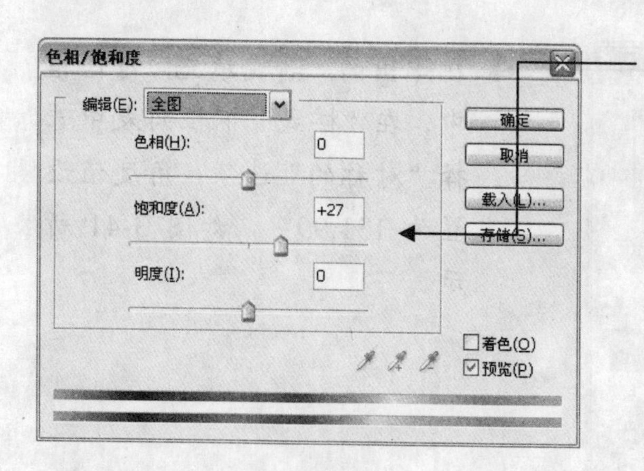

图 3-44

7 对照片修改完成后，单击“图像”菜单项，选择“调整”→“色相/饱和度”命令对照片的色相、饱和度以及明度参数进行调整，如图 3-44 所示，单击“确定”按钮。

这样，一张彩色漫画效果的照片就制作完成了，如图 3-45 所示。

修 改 前

修 改 后

图 3-45

3.7 制作方块拼贴效果

今天看到隔壁家做的贴方块照片挺漂亮的，我们的照片也可以做出这样的效果吗?

拼图效果的照片通过 Photoshop CS3 滤镜中的特效工具是可以轻松地做出来的。

下面介绍一下制作方块拼贴效果照片的方法。

1 在 Photoshop CS3 中打开照片文件，选择“图层”→“新建”→“图层”命令。

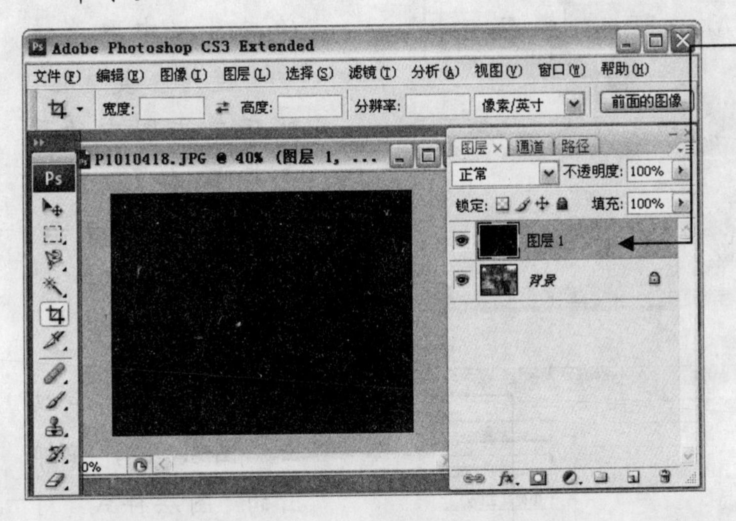

2 在新建的图层 1 中，将前景色设置为黑色，然后按下【Alt+Delete】组合键，将图层 1 填充为黑色，如图 3-46 所示。

图 3-46

3 单击“滤镜”菜单项，在弹出的菜单中选择“风格化”→“拼贴”命令。

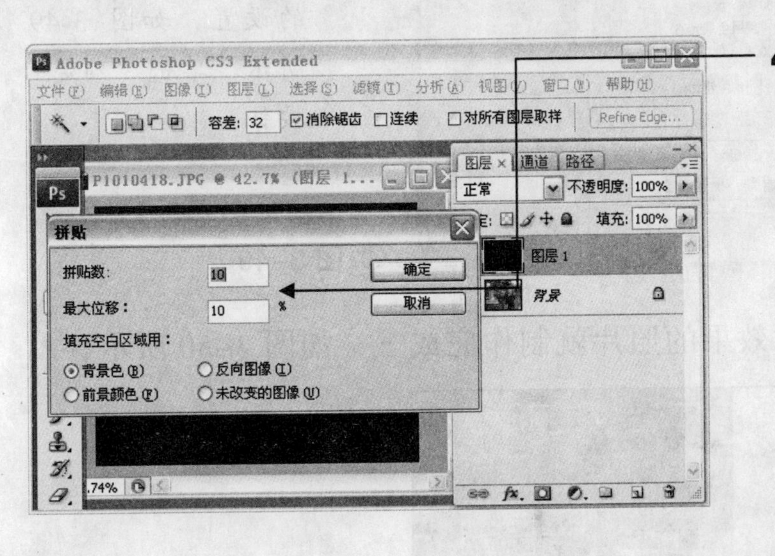

4 在弹出的“拼贴”对话框中，在“拼贴数”文本框和“最大位移”文本框中填入相同的数值(这里均填入“10”)，然后单击“确定”按钮，如图 3-47 所示。

图 3-47

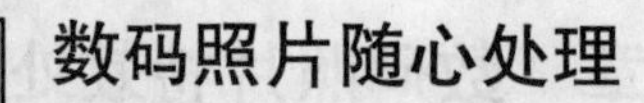

5 在左侧的工具箱中单击“魔棒工具”按钮，在菜单栏下面的工具栏中取消选中“连续”复选框，然后单击图中的黑色区域，按【Delete】键，如图 3-48 所示。

图 3-48

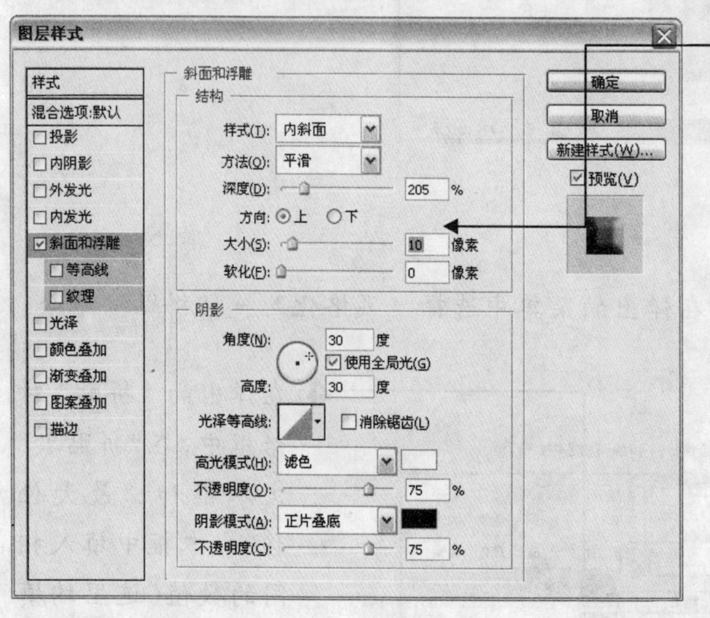

6 在“图层”窗格中双击“图层 1”，在弹出的“图层样式”对话框中，选中“斜面和浮雕”复选框，然后在右侧进行相应的设置，如图 3-49 所示，单击“确定”按钮。

图 3-49

这样，具有拼贴效果的照片就制作完成了，如图 3-50 所示。

图 3-50

3.8 添加玻璃效果

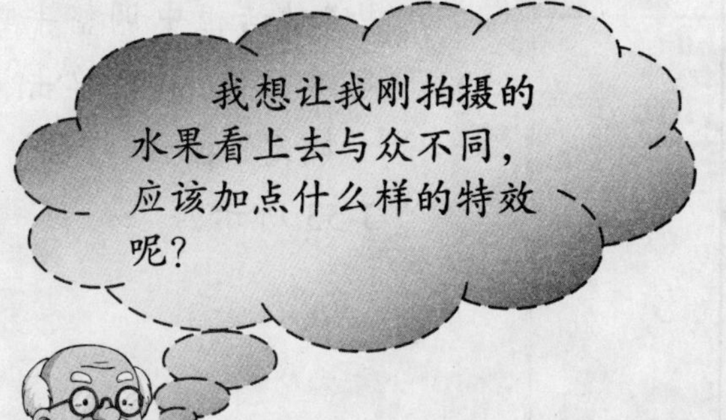

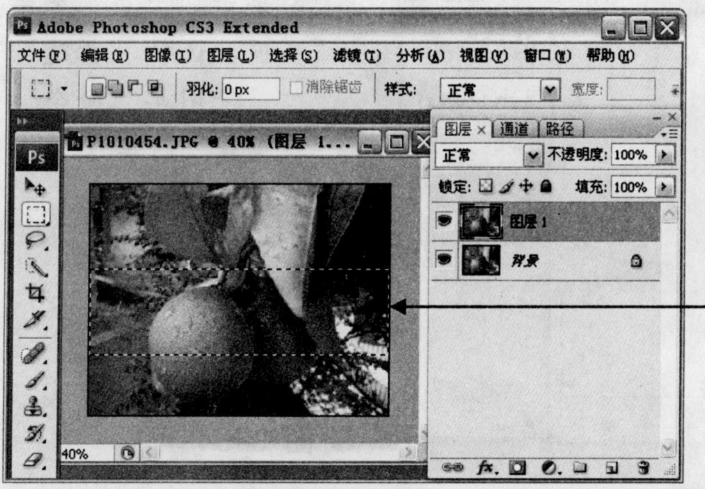

1 打开要处理的照片，按下【Ctrl+J】组合键复制“图层 1”，使用左侧工具箱中的“矩形选框工具”，选择一个区域，如图 3-51 所示。

图 3-51

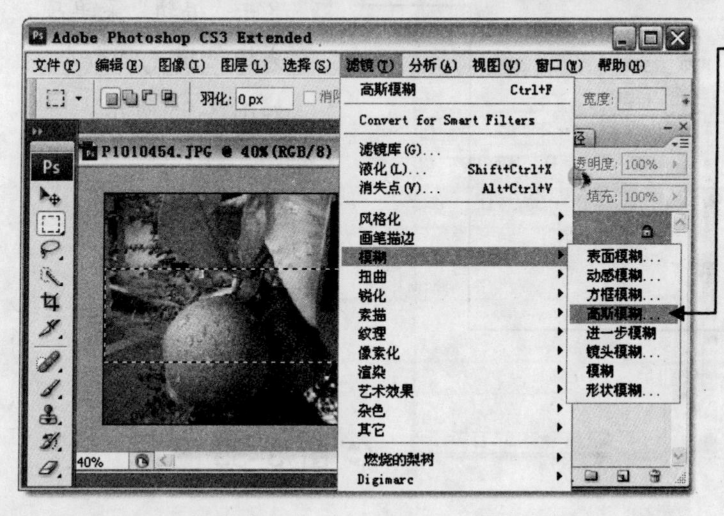

2 单击“滤镜”菜单项，选择“模糊”→“高斯模糊”命令，如图 3-52 所示。

图 3-52

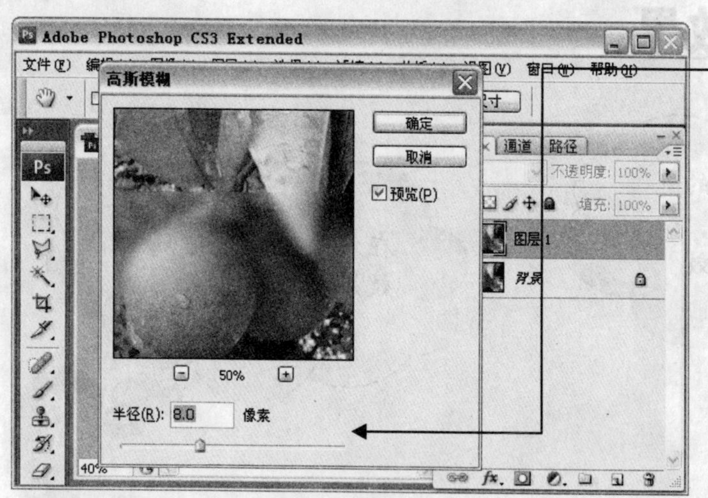

3 在弹出的“高斯模糊”对话框中调整半径参数值，然后单击“确定”按钮，如图3-53所示。

图 3-53

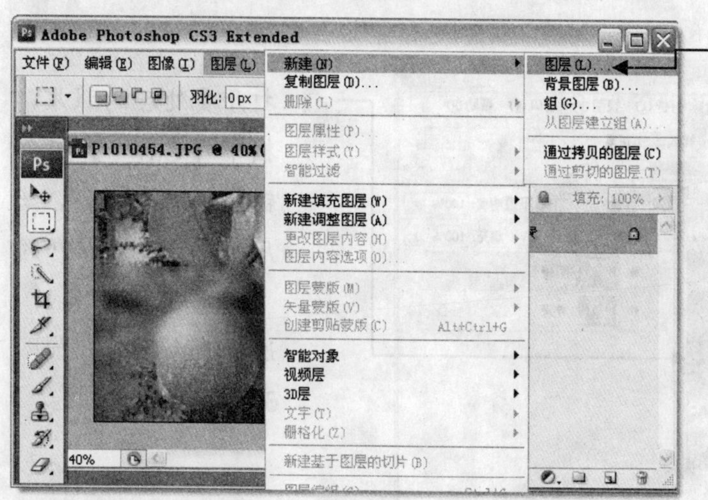

4 单击“图层”菜单项，选择“新建”→“图层”命令，创建“图层 2”，如图3-54所示。

图 3-54

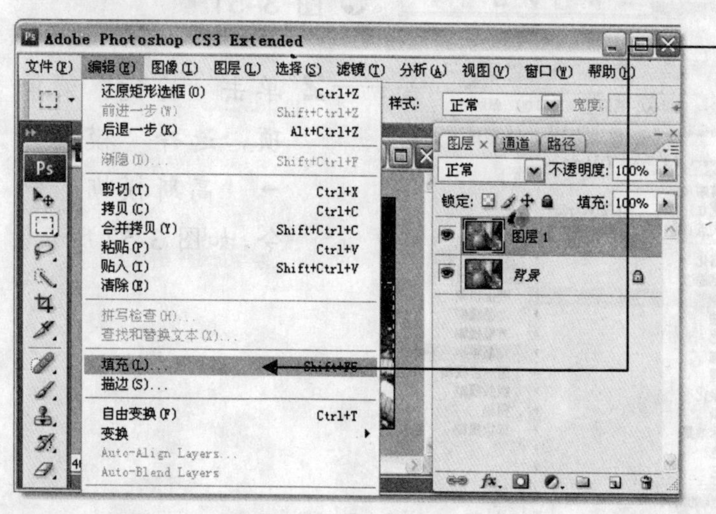

5 单击“编辑”菜单项，选择“填充”命令，如图3-55所示。

图 3-55

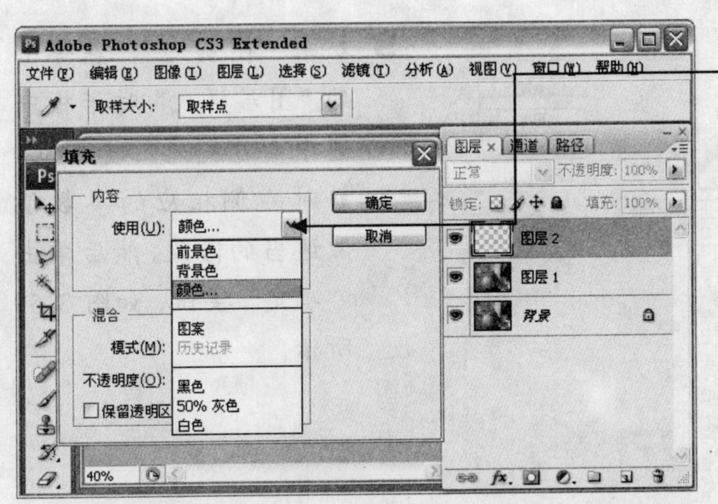

6　在弹出的“填充”对话框中，单击“使用”下拉按钮，选择“颜色”选项，如图 3-56 所示。

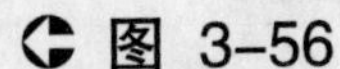
图 3–56

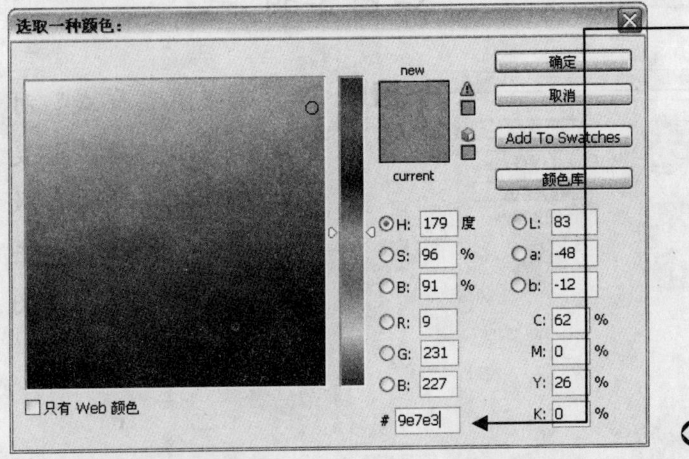

7　在弹出的“选取一种颜色”对话框中选择颜色为“9e7e3”，然后单击“确定”按钮，如图 3-57 所示，返回“填充”对话框，单击“确定”按钮。

图 3–57

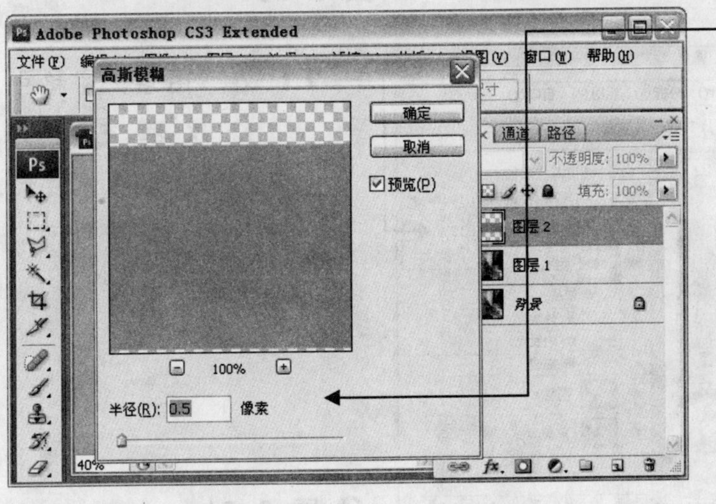

8　打开“高斯模糊”对话框，将其半径参数做合适的调整，然后单击“确定”按钮，如图 3-58 所示。

图 3–58

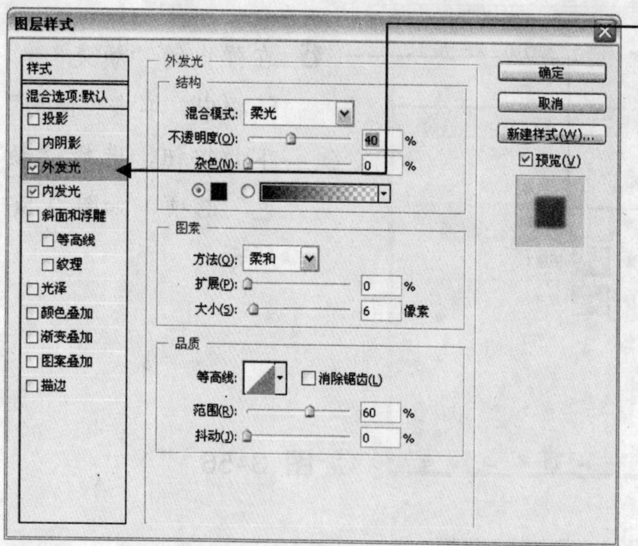

9 双击“图层 2”，在弹出的“图层样式”对话框中选中“外发光”复选框，并对右侧相应的参数值做适当的修改，然后单击“确定”按钮，如图 3-59 所示。

图 3-59

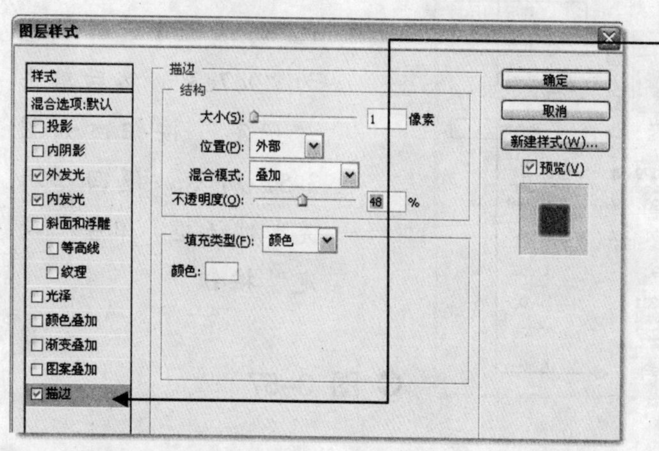

10 再打开“图层样式”对话框，选中“描边”复选框，在右侧对各参数值进行设置，然后单击“确定”按钮，如图 3-60 所示。

图 3-60

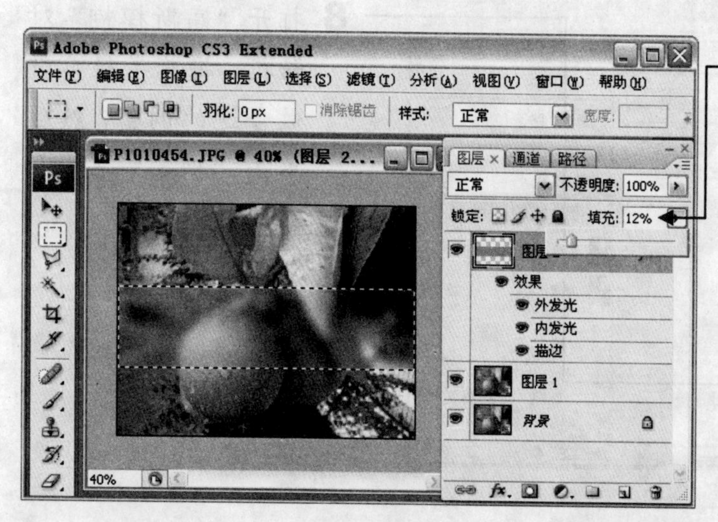

11 在“图层”窗格中修改填充值为 12%，然后保存修改好的照片即可，如图 3-61 所示。

图 3-61

修改前后的照片对比如图 3-62 所示。

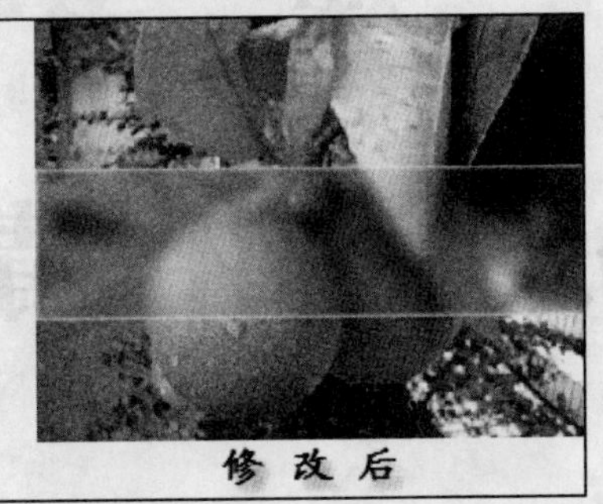

图 3-62

3.9 疑难解答

：如何快速地给新建的图层填充颜色？

：在“图层”窗格中，用鼠标选中这个图层，然后按下【Shift+F5】组合键，在打开的对话框中选择颜色，进行填充。如果要用背景色填充所选区域或整个图层，可以按下【Ctrl+Delete】组合键；如果要用前景色填充所选区域或整个图层则按下【Alt+ Delete】组合键即可。

：“滤镜”菜单中的“高斯模糊”是什么意思，它有什么作用？

：“高斯模糊”用一种根据高斯曲线调节像素色值，有选择地模糊图像的滤镜。它能够创造图片模糊、朦胧的效果。

第4章
为数码照片制作精美的相框

本章热点：

★ 制作简洁的相片边框
★ 制作磨砂玻璃相框
★ 制作水晶方格相框
★ 制作胶卷样式相框
★ 制作立体动感相框

我想为这些数码照片添加相框，有什么方法呢？

爷爷，使用 Photoshop CS3 就可以了，我们可以制作出简洁明了的相片边框，也可以制作出水晶方格边框和胶卷边框等精美的边框。

4.1 制作简洁的相片边框

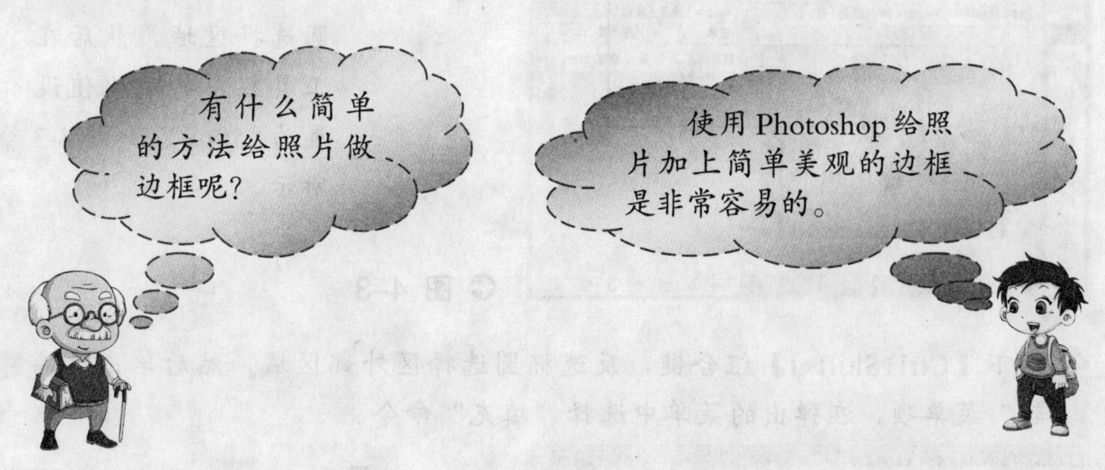

下面就来介绍使用 Photoshop CS3 给照片制作简洁边框的具体步骤。

图 4-1

1 在 Photoshop 中打开要处理的照片，按下【Ctrl+J】组合键复制背景图层，得到“图层 1”，如图 4-1 所示。

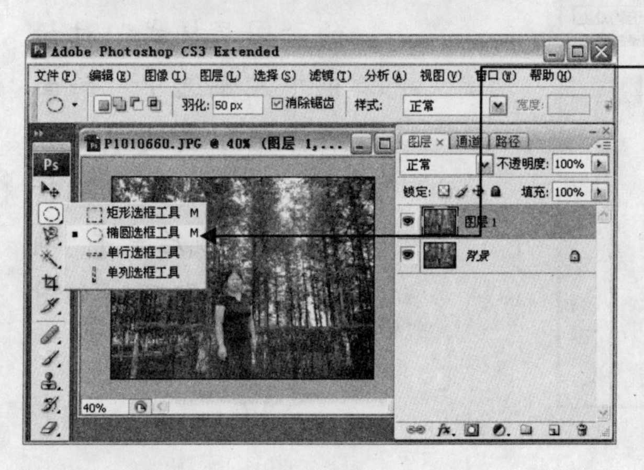

2 在左侧工具箱中使用鼠标右键单击“椭圆选框工具”按钮，在弹出的下拉菜单中选择“椭圆选框工具”命令，如图 4-2 所示。

图 4-2

3 拖动鼠标，在照片中围绕主体图像创建椭圆选择区域，然后在工具栏中将羽化值设置为“50px”，如图 4-3 所示。

图 4-3

4 按下【Ctrl+Shift+I】组合键，反选椭圆选择区外部区域，然后单击“编辑”菜单项，在弹出的菜单中选择“填充”命令。

5 在弹出的“填充”对话框中，选择“使用”下拉列表中的“白色”，然后单击“确定”按钮，如图 4-4 所示。

图 4-4

6 在“图层”窗格中双击“图层 1”，在弹出的“图层样式”对话框中左侧选中“斜面和浮雕”复选框，并对右侧的参数值进行设置，完成后单击“确定”按钮即可，如图 4-5 所示。

图 4-5

这样就为照片制作出了一个简洁漂亮的相框，如图 4-6 所示。

图 4-6

4.2 套用完成的相框

照片很多的时候，使用 Photoshop 一个一个地为照片制作相框挺麻烦的，有没有简单快捷的加相框的方法？

在网上找点完成好的边框素材，就可以轻松地为照片套用统一的素材边框。

为照片套用完成好的相框，省时省力。下面介绍使用 Photoshop CS3 为照片添加已完成的相框的操作步骤。

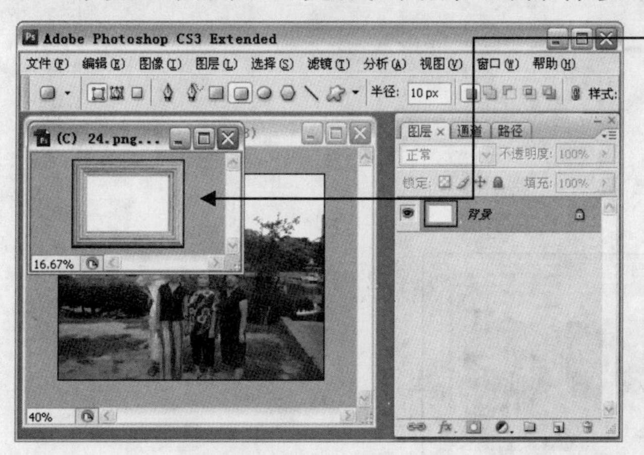

1 在 Photoshop 中打开要处理的照片和已完成的相框图片，如图 4-7 所示。

图 4-7

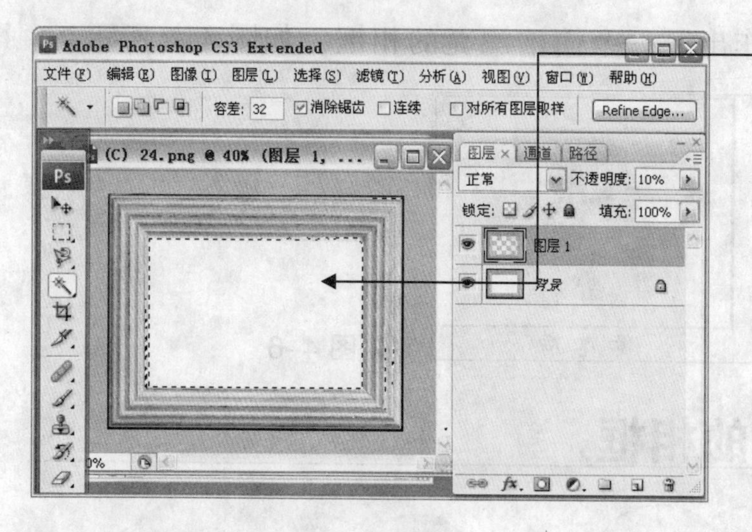

2 选择相框文件，按下【Ctrl+J】组合键，得到“图层 1”，单击工具箱中的“魔棒工具”按钮，将白色部分选取，然后按下【Delete】键将其删除，如图 4-8 所示。

图 4-8

3 将处理过的相框的“图层 1”拖放到要装饰的照片上，按下【Ctrl+T】组合键调整边框大小即可，如图 4-9 所示。

图 4-9

最终效果如图 4-10 所示。

图 4-10

4.3 制作磨砂玻璃相框

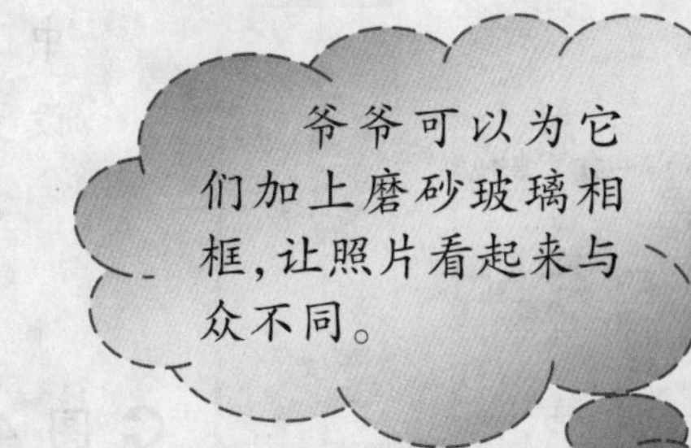

为照片制作磨砂玻璃相框的操作如下。

1 在 Photoshop CS3 中打开照片文件，单击左侧工具箱中的“矩形选框工具”按钮，然后在照片中选择一个区域，如图 4-11 所示。

图 4-11

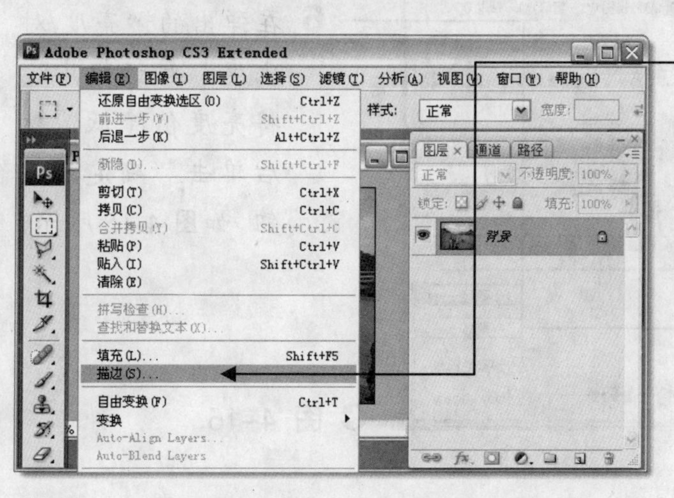

2 单击“编辑”菜单项，在弹出的菜单中选择“描边”命令，如图 4-12 所示。

图 4-12

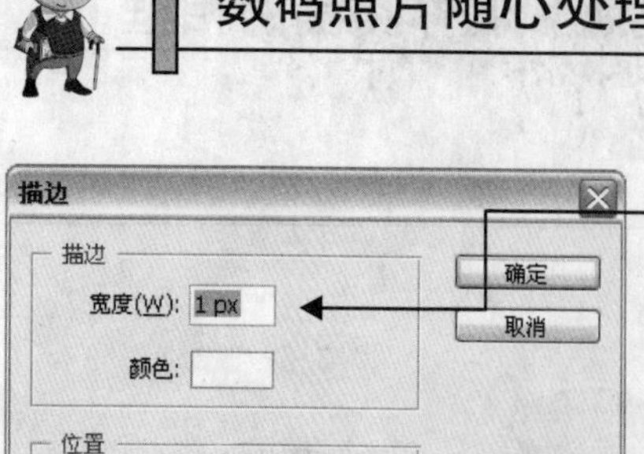

3 在弹出的“描边”对话框中将描边宽度设置为“1px”，颜色为白色，位置设置为“居中”，混合模式设置为“正常”，不透明度设置为 100%，单击“确定”按钮，如图

图 4-13

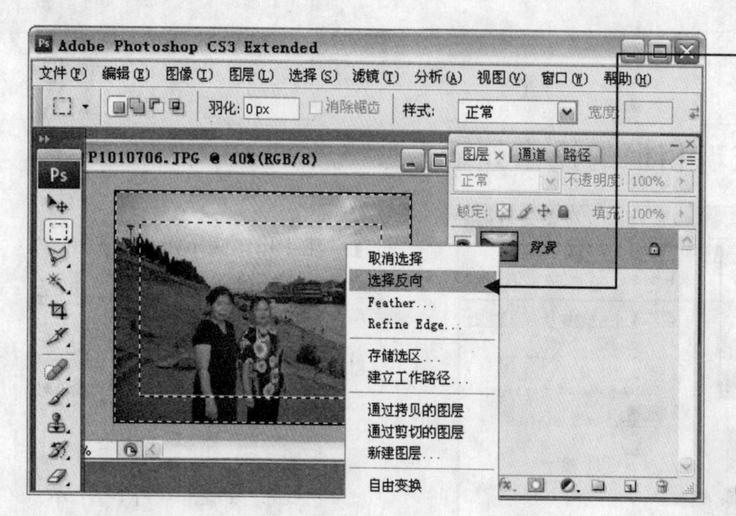

4 单击鼠标右键，在弹出的快捷菜单中选择“选择反向”命令，选中背景，如图 4-14 所示。

图 4-14

5 单击“图像”菜单项，选择“调整”→“亮度/对比度”命令。

6 在弹出的“亮度/对比度”对话框中，将亮度值降低，然后单击“确定”按钮，如图 4-15 所示。

图 4-15

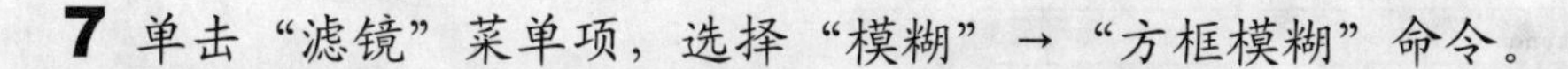

7 单击“滤镜”菜单项，选择“模糊”→“方框模糊”命令。

8 在弹出的“方框模糊”对话框中，将半径参数设置为 15 像素，然后单击“确定”按钮，按下【Ctrl+D】组合键取消选中即可，如图 4-16 所示。

图 4-16

经过磨砂处理的边框效果如图 4-17 所示。

图 4-17

4.4 制作水晶方格相框

我感觉刚拍的风景照片还不错，就是景色的四周显得比较暗，有办法把黑暗的部分遮挡住吗?

我们可以为照片制作一个水晶方格相框，巧妙地将照片的阴影部分遮挡起来。

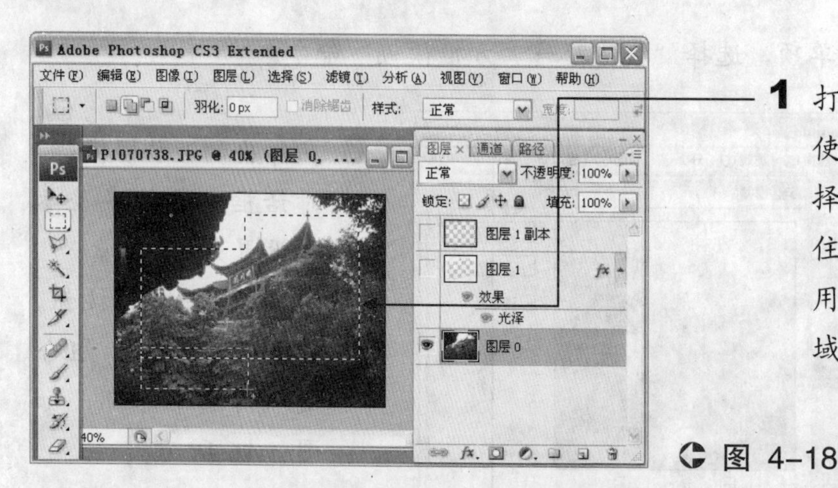

1 打开 Photoshop 软件，使用矩形选框工具选择一个区域，然后按住【Shift】键不放，用鼠标选择其他区域，如图 4-18 所示。

图 4-18

2 按下【Q】键，进入快速蒙版，如图 4-19 所示。

图 4-19

3 单击“滤镜”菜单项，选择“像素化”→“碎片”命令。

4 单击“滤镜”菜单项，选择“像素化”→“晶格化”命令。

5 在弹出的“晶格化”对话框中调整单元格大小参数值，然后单击“确定”按钮，如图 4-20 所示。

图 4-20

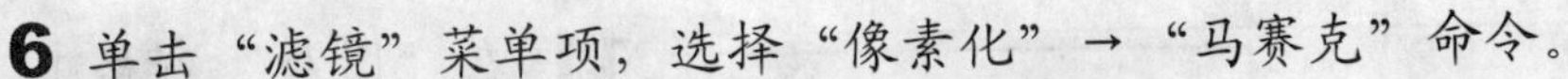

6 单击“滤镜”菜单项，选择“像素化”→“马赛克”命令。

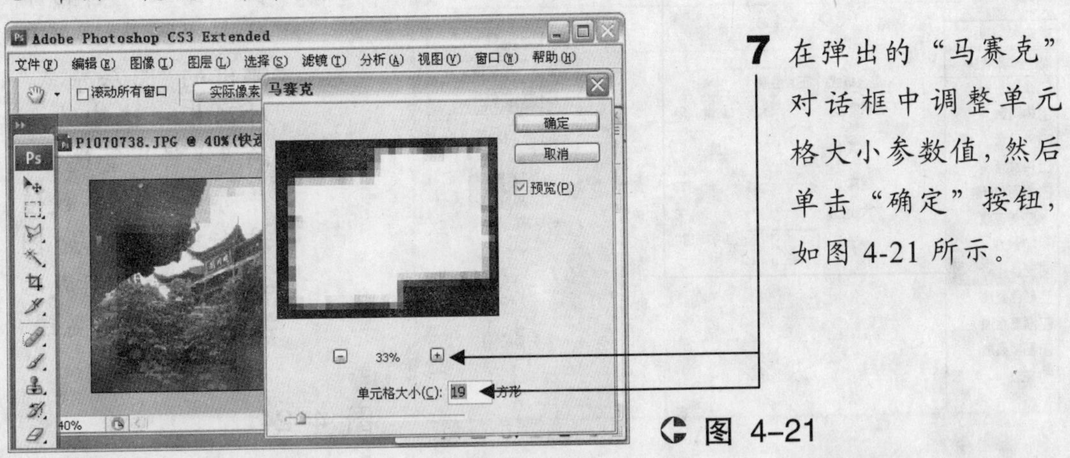

7 在弹出的“马赛克”对话框中调整单元格大小参数值，然后单击“确定”按钮，如图 4-21 所示。

图 4-21

8 单击“滤镜”菜单项，选择“锐化”→“锐化”命令，然后按下【Ctrl+F】组合键重复该步骤 6 次。

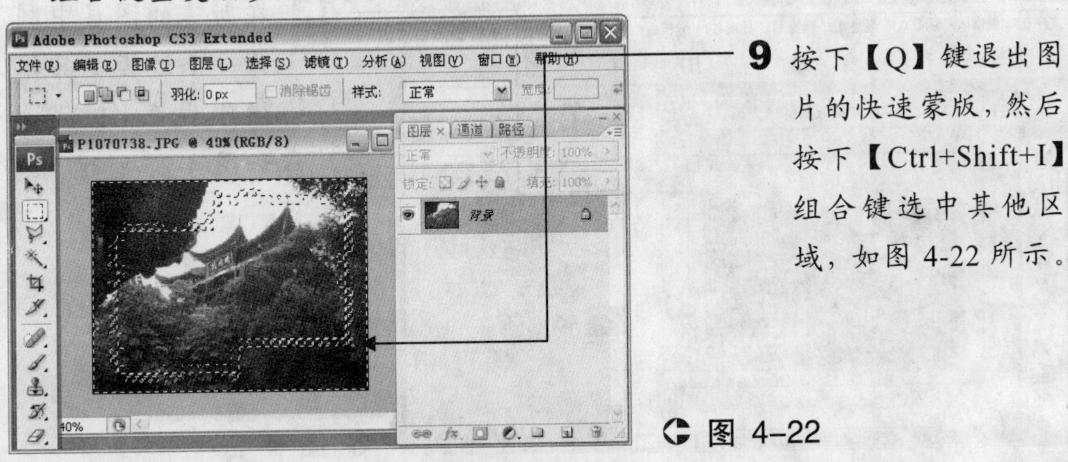

9 按下【Q】键退出图片的快速蒙版，然后按下【Ctrl+Shift+I】组合键选中其他区域，如图 4-22 所示。

图 4-22

10 单击“图层”菜单项，选择“新建”→“图层”命令，新建“图层 1”，将该图层填充为白色，如图 4-23 所示。

图 4-23

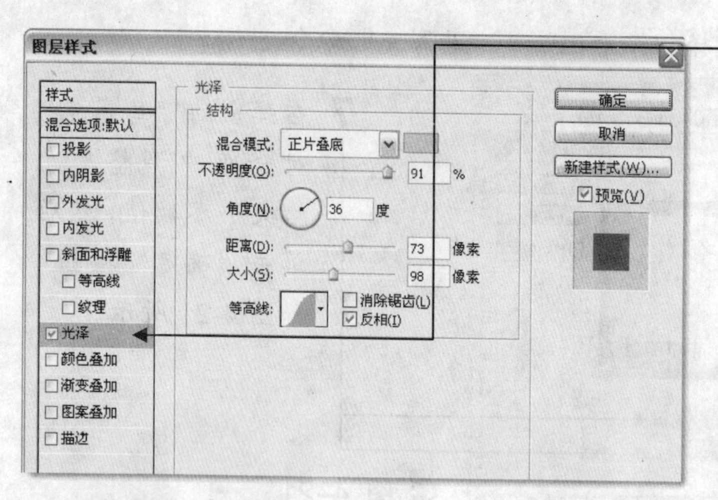

11 在“图层”窗格中双击“图层 1”，在弹出的“图层样式”对话框中选中左侧的“光泽”复选框，并对右侧的参数值进行设置，如图 4-24 所示，完成后单击“确定”按钮。

图 4-24

12 单击“图层”菜单项，选择“新建”→“图层”命令，建立“图层 1 副本”。

13 在新建的图层中制作一个边框（具体操作参考 4.1 节），如图 4-25 所示。

图 4-25

最终效果如图 4-26 所示。

图 4-26

4.5 巧制胶卷样式相框

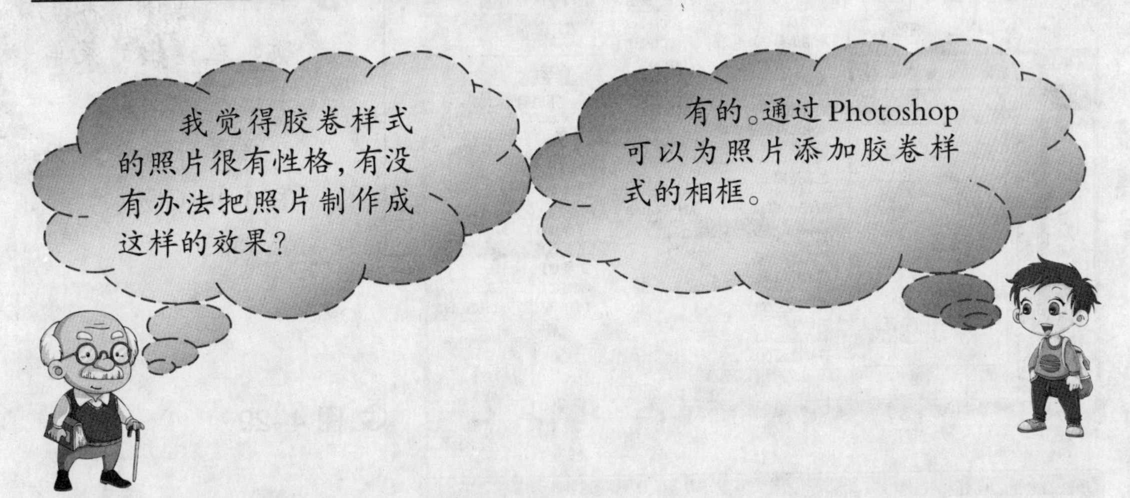

4.5.1 制作胶卷式相框

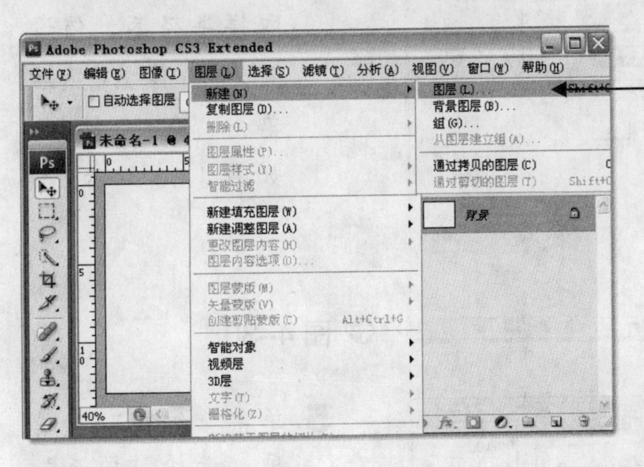

1 使用“画图”程序保存一幅名为“未命名-1”的空白画稿，在 Photoshop 中打开，单击“图层”菜单项，选择“新建”→“图层”命令，如图 4-27 所示。

图 4-27

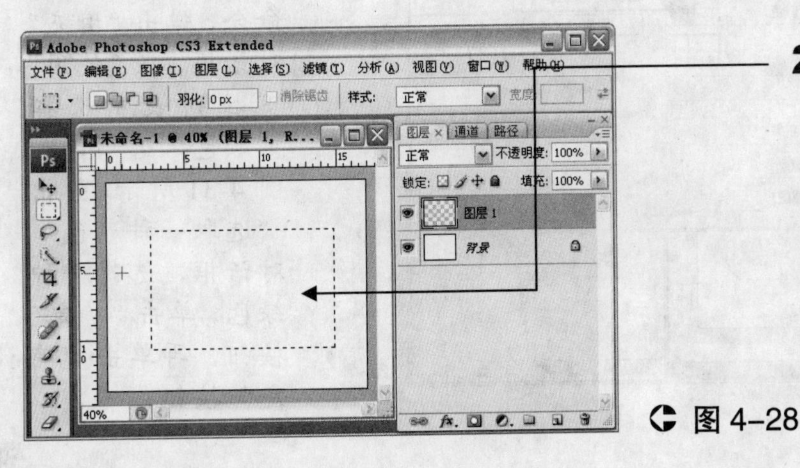

2 在新建的图层 1 中使用矩形选框工具选择一个矩形区域，如图 4-28 所示。

图 4-28

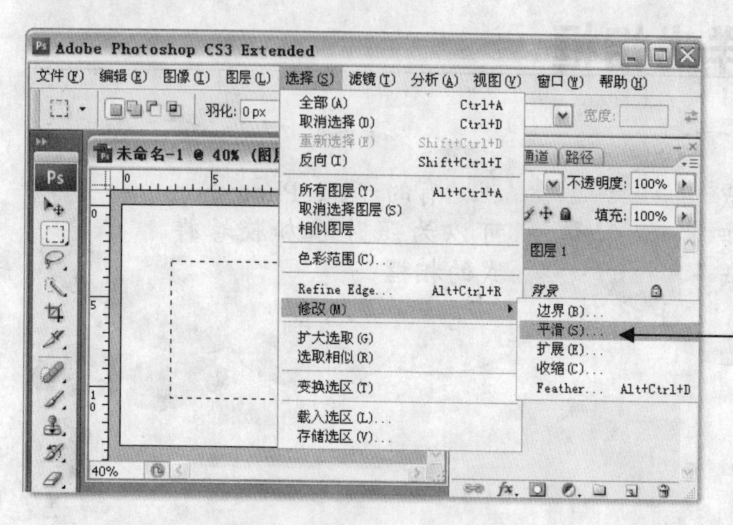

3 单击“选择”菜单项，在弹出的菜单中选择“修改”→“平滑”命令，如图 4-29 所示。

图 4-29

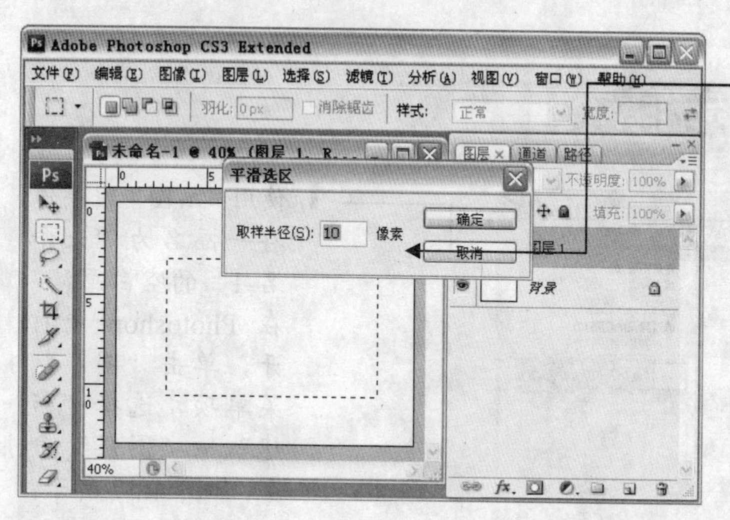

4 在弹出的“平滑选区”对话框中，将取样半径参数值设置为 10 像素，然后单击“确定”按钮，如图 4-30 所示。

图 4-30

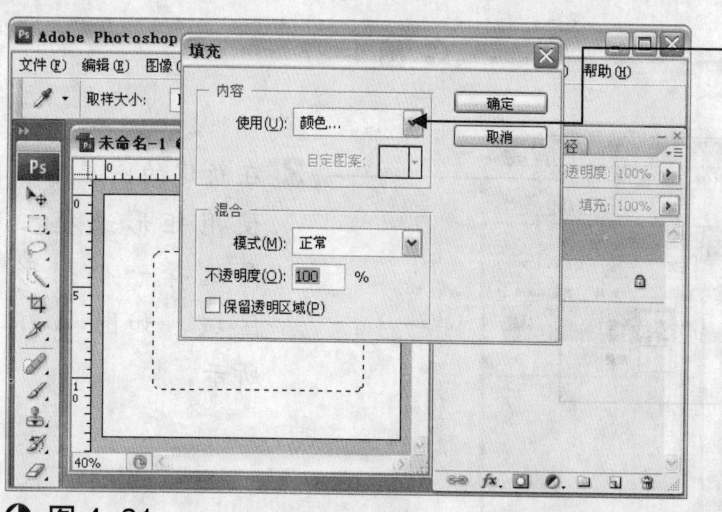

5 单击“编辑”菜单项，选择“填充”命令，弹出“填充”对话框，在“使用”下拉列表中选择“颜色”选项，如图 4-31 所示，弹出“选取一种颜色”对话框，选择一种绿色，单击“确定”按钮，再单击“确定”按钮。

图 4-31

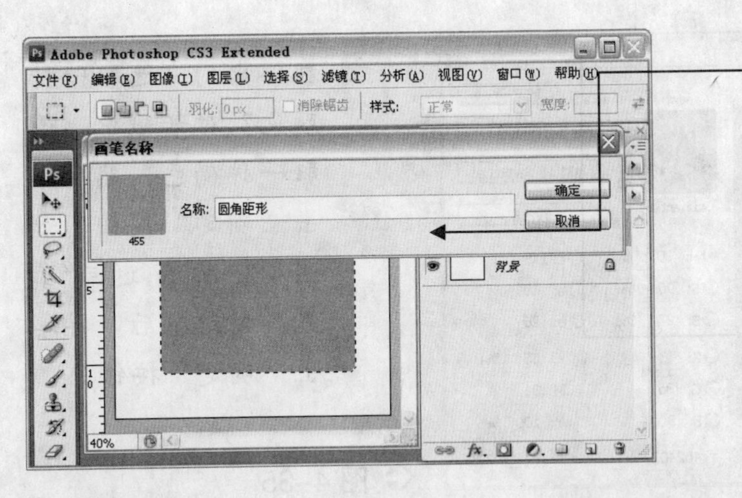

6 单击“编辑”菜单项，选择“定义画笔预设”命令，弹出“画笔名称”对话框，在“名称”文本框中输入“圆角矩形”，单击“确定”按钮，如图 4-32 所示。

图 4-32

小提示：记下“名称”文本框左侧的代号“455”，方便查找。

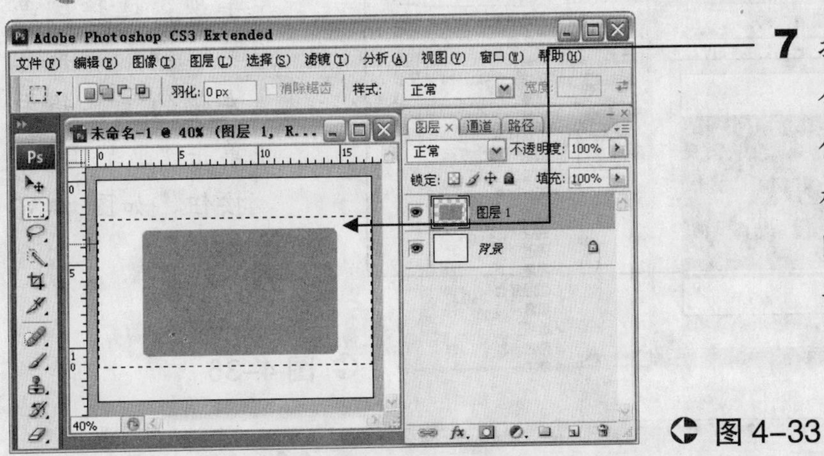

7 按下【Ctrl+D】组合键取消选中。再使用矩形选框工具框选一个更大的范围，如图 4-33 所示。

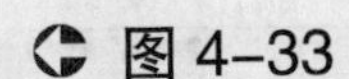
图 4-33

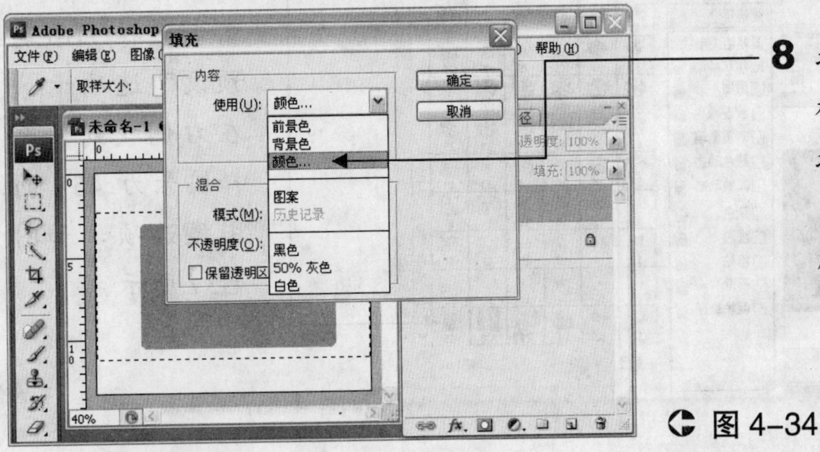

8 打开“填充”对话框，在“使用”下拉列表中选择“颜色”选项，如图 4-34 所示。

图 4-34

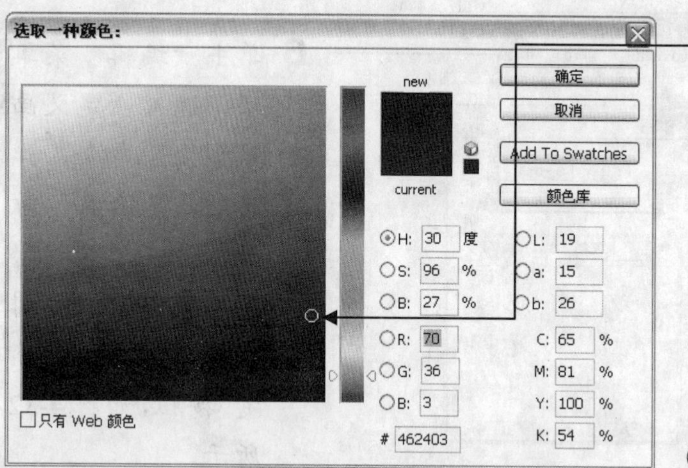

9 在弹出的“选取一种颜色”对话框中，选取一种褐色，然后单击“确定”按钮，如图 4-35 所示，返回“填充”对话框后，再单击“确定”按钮。

图 4-35

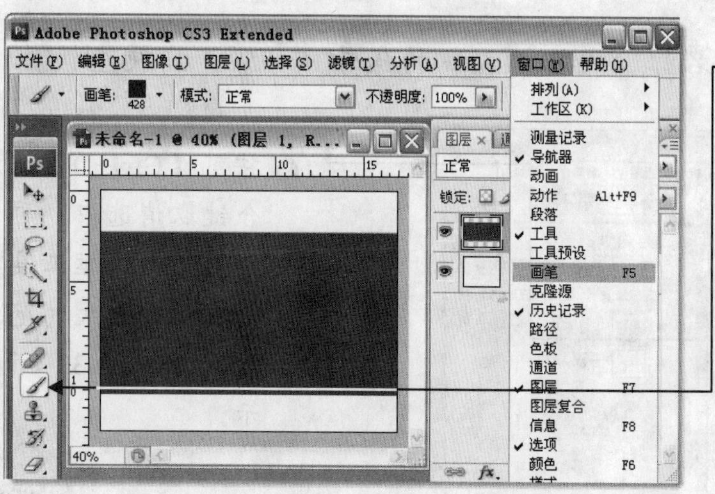

10 单击“窗口”菜单项，选择“画笔”命令，再在左侧的工具箱中单击“画笔工具”按钮，如图 4-36 所示。

图 4-36

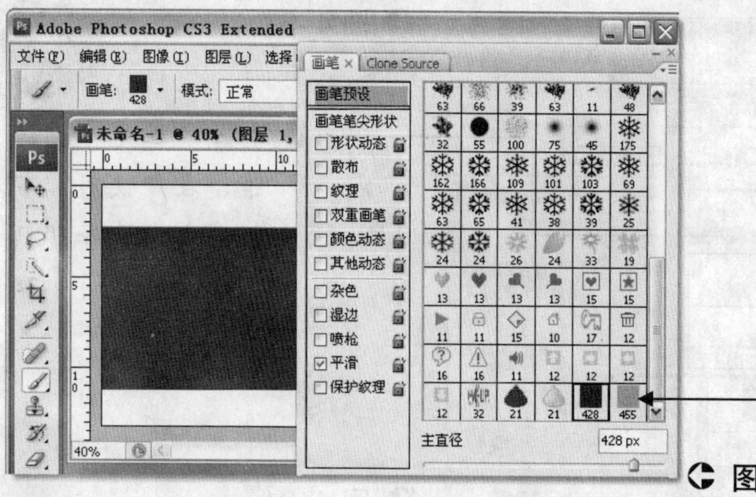

11 在“画笔”窗格左侧选择“画笔预设”选项卡，在右侧找到并选择编号为 455 的图案选项，如图 4-37 所示。

图 4-37

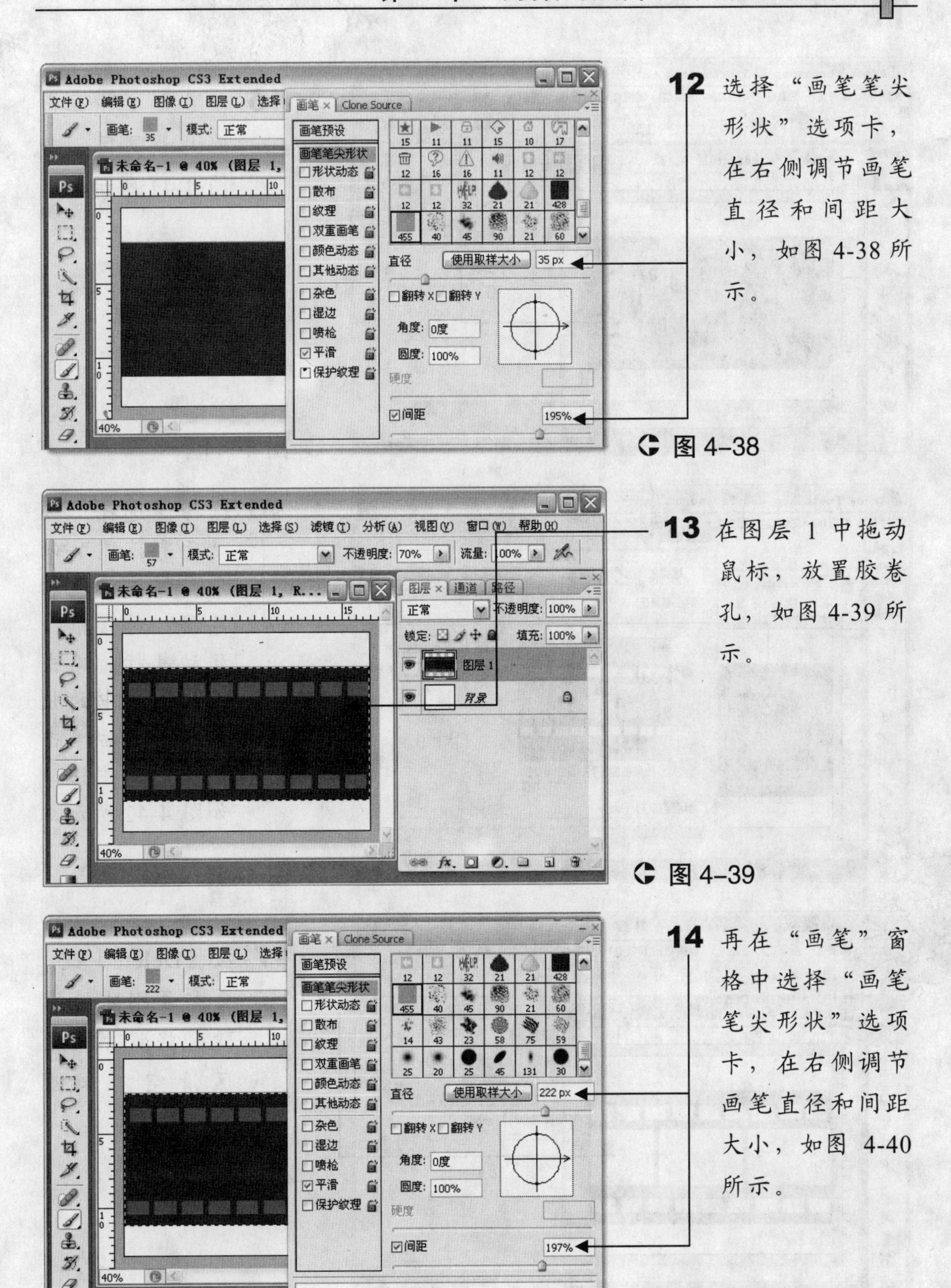

12 选择“画笔笔尖形状”选项卡，在右侧调节画笔直径和间距大小，如图 4-38 所示。

图 4–38

13 在图层 1 中拖动鼠标，放置胶卷孔，如图 4-39 所示。

图 4–39

14 再在“画笔”窗格中选择“画笔笔尖形状”选项卡，在右侧调节画笔直径和间距大小，如图 4-40 所示。

图 4–40

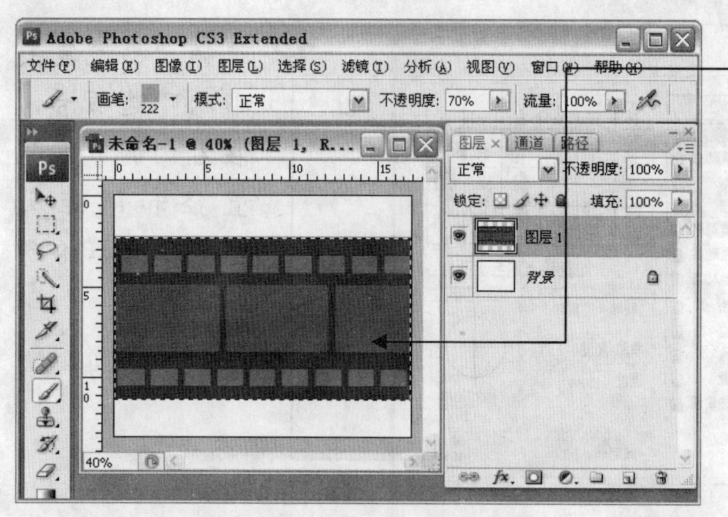

15 在图层 1 中画出照片放置区，如图 4-41 所示。

图 4-41

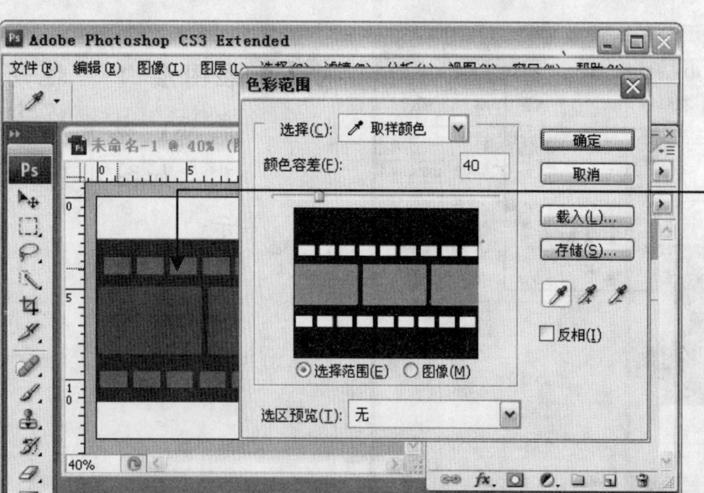

16 选择“选择”→“色彩范围”命令，弹出“色彩范围”对话框，移动鼠标，单击照片图片中的胶卷孔，然后单击“确定”按钮，如图 4-42 所示。

图 4-42

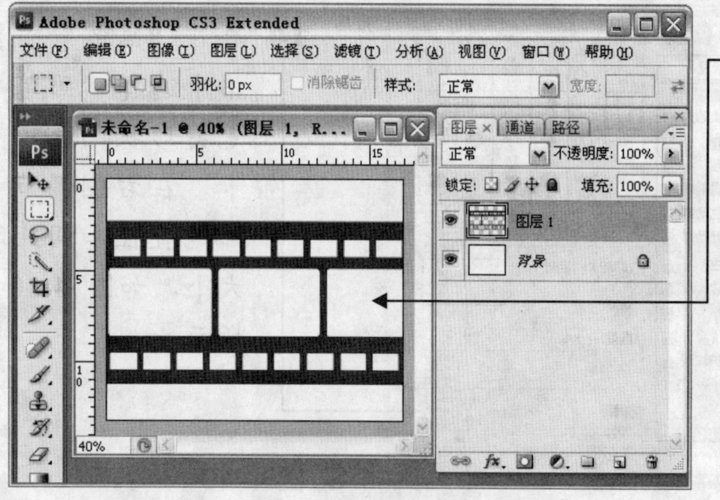

17 按【Delete】键，再重复刚才的步骤，将照片放置区清空，如图 4-43 所示。

图 4-43

4.5.2　添加照片

添加照片的操作如下。

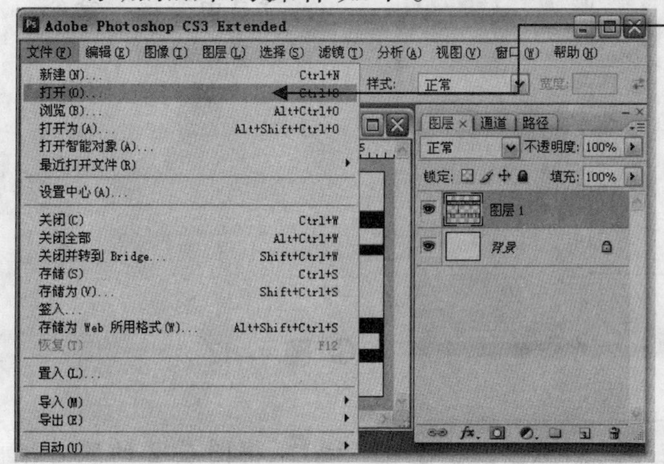

1 单击“文件”菜单项，选择“打开”命令，如图 4-44 所示。

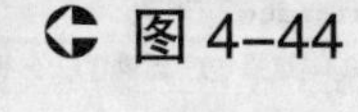
图 4–44

2 在弹出的“打开”对话框中选中要添加的照片，单击“打开”按钮，如图 4-45 所示。

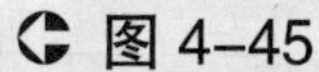
图 4–45

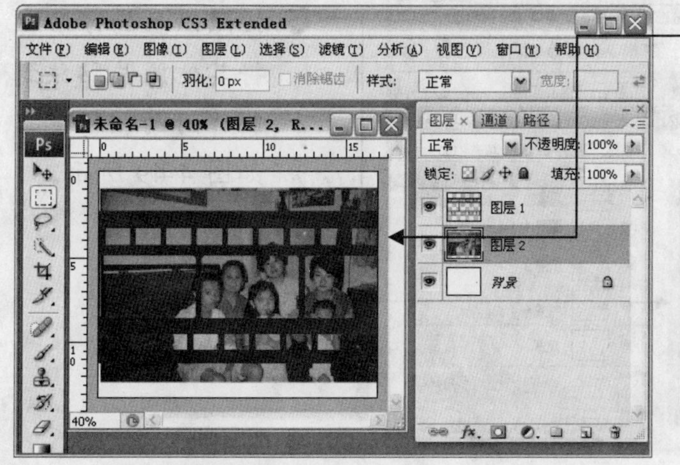

3 复制图层，拖动新图层到制作胶卷相框的图片中，如图 4-46 所示。

图 4–46

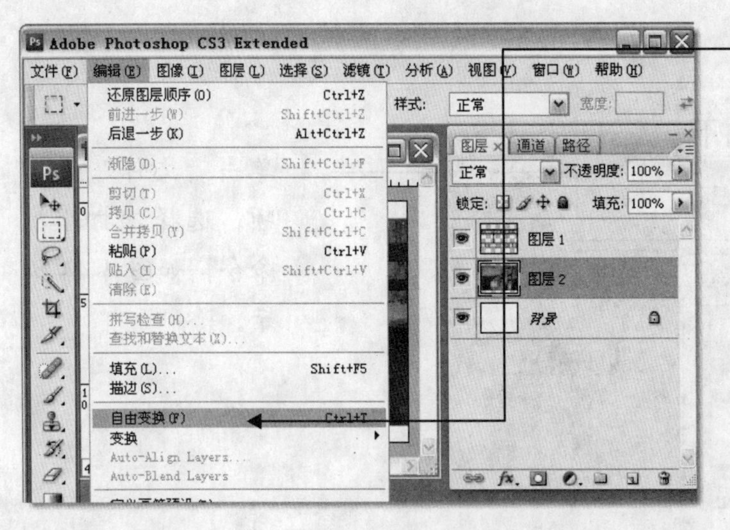

4 打开“编辑”菜单，在弹出的菜单中选择“自由变换”命令，如图 4-47 所示。

图 4–47

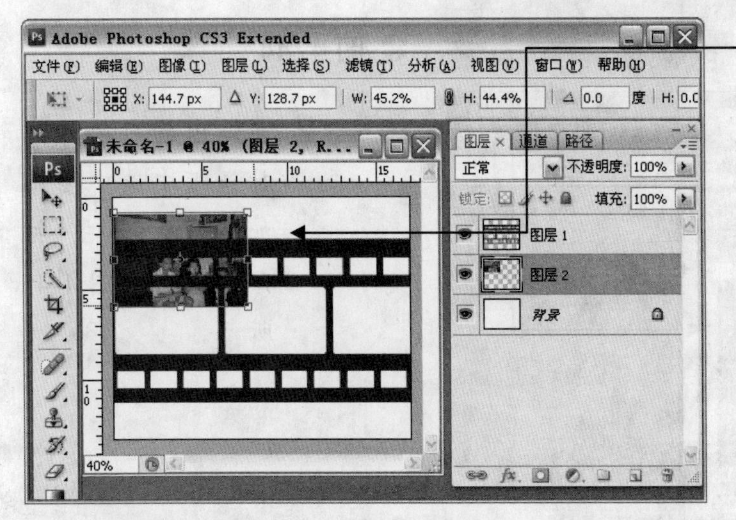

5 将图层 2 的照片缩放到合适的大小，然后拖放到图层 1 的制作的胶卷相片框中，如图 4-48 所示。

图 4–48

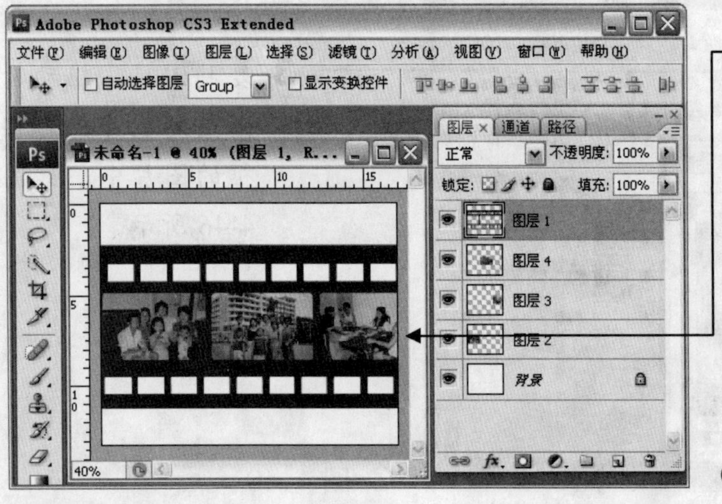

6 按照以上的方法，将其他照片贴放到制作好的相框中，如图 4-49 所示。

图 4–49

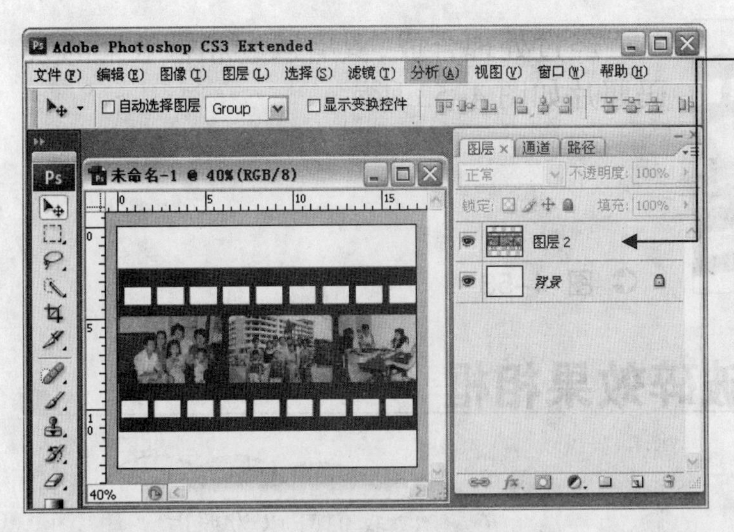

7 按下【Ctrl+E】组合键，对图层进行合并，如图 4-50 所示。

图 4-50

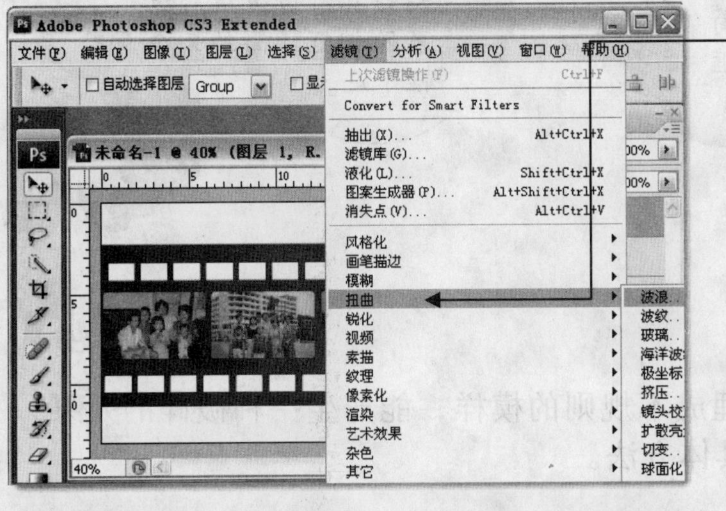

8 单击“滤镜”菜单项，在弹出的菜单中选择“扭曲”→“波浪”命令，如图 4-51 所示。

图 4-51

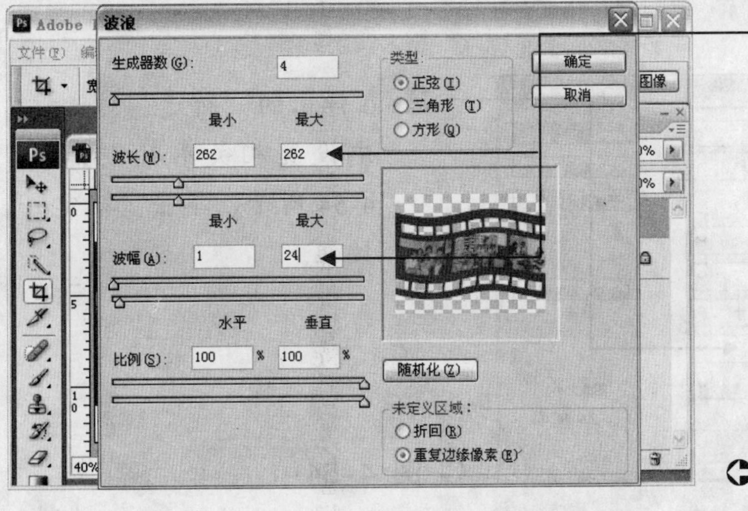

9 在弹出的“波浪”对话框中，设置波长和波幅参数值的大小，然后单击“确定”按钮，如图 4-52 所示。

图 4-52

经过处理合成，具有胶卷相框效果的数码照片如图 4-53 所示。

图 4-53

4.6 制作边缘破碎效果相框

将照片的边缘处理成不规则的模样，能产生一种破碎的效果，下面就来介绍制作的具体方法。

1 打开 Photoshop 软件，单击“文件”菜单项，在弹出的菜单中选择“新建”命令。

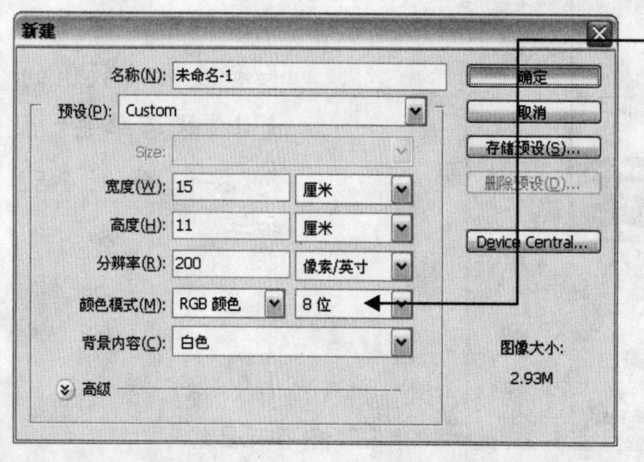

2 在弹出的“新建”对话框中设置相关参数，如图 4-54 所示，单击“确定”按钮。

图 4-54

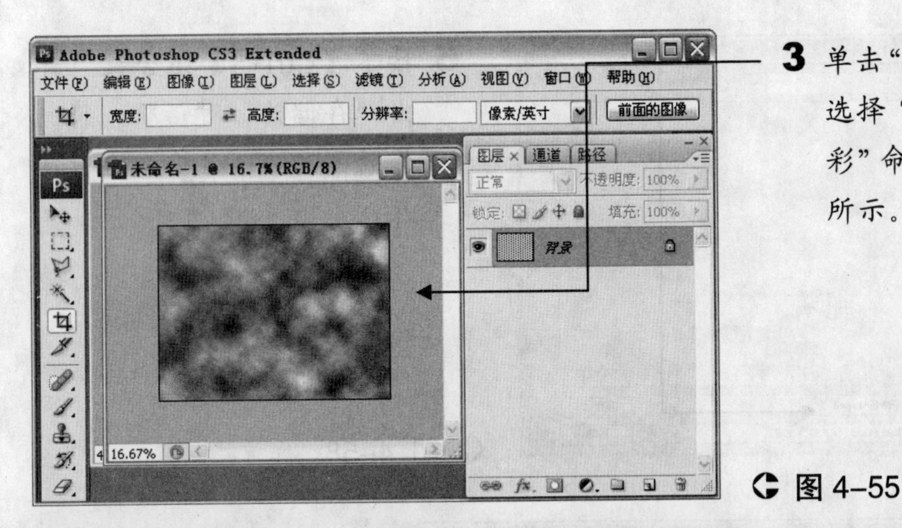

3 单击“滤镜”菜单项，选择“渲染”→“云彩”命令，如图 4-55 所示。

图 4-55

4 单击“滤镜”菜单项，选择“艺术效果”→“调色刀”命令，在弹出的“调色刀”对话框中对各参数值进行设置，如图 4-56 所示。

图 4-56

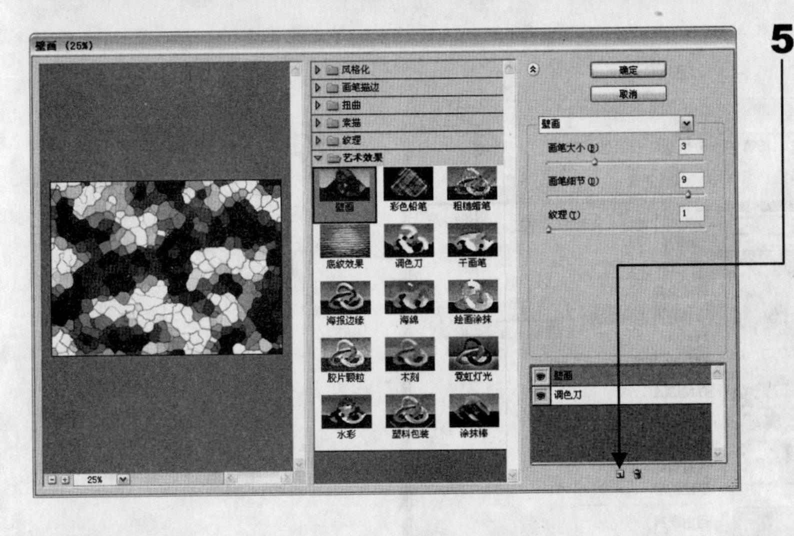

5 单击“调色刀”对话框右下角的“新建效果图层”按钮，新建一个效果图层后，在中部的“艺术效果”列表框中选择“壁画”效果选项，设置右侧的各参数值，如图 4-57 所示，单击“确定”按钮。

图 4-57

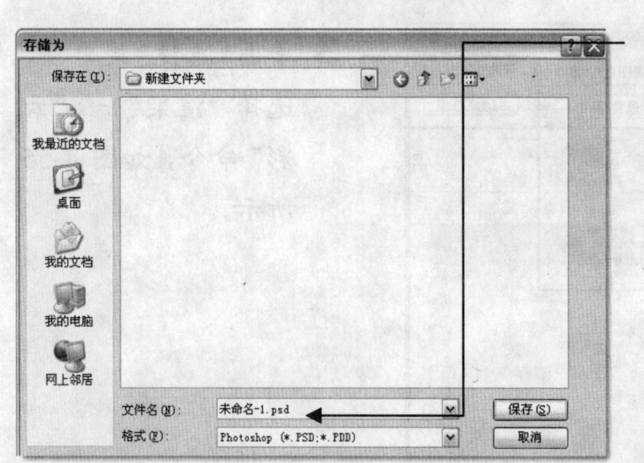

6 按下【Ctrl+S】组合键，弹出“存储为”对话框，将制作的图片以psd格式进行保存，如图4-58所示。

图 4-58

图 4-59

7 单击“文件”菜单项，选择“打开”命令，打开要制作的照片，然后单击工具箱中的“矩形选框工具”按钮▭，在图像中创建一个选区，如图4-59所示。

8 单击鼠标右键，选择“选择反向”命令，如图4-60所示。

图 4-60

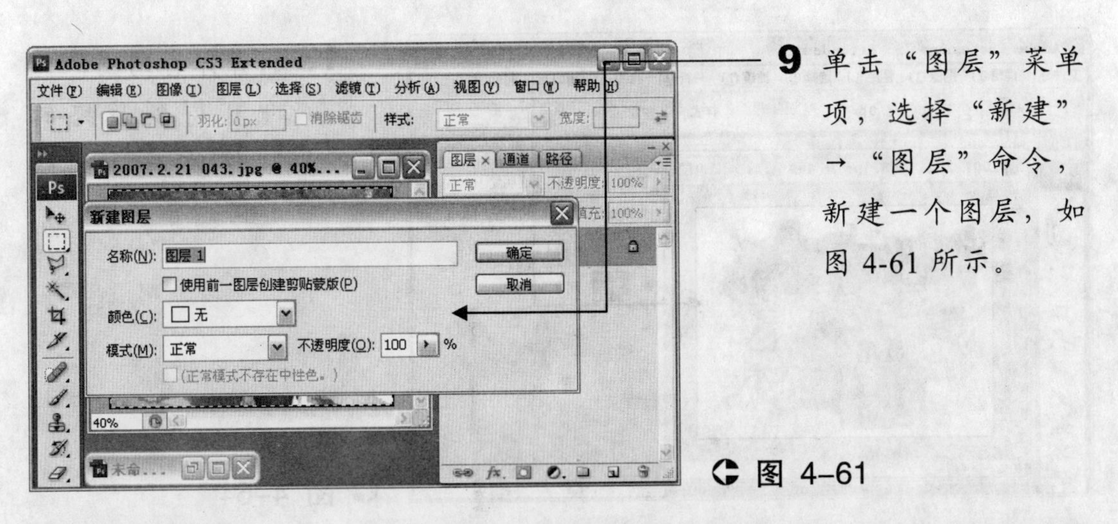

9 单击“图层”菜单项，选择“新建”→“图层”命令，新建一个图层，如图 4-61 所示。

图 4-61

10 选择“编辑”→“填充”命令，选择填充颜色为白色。单击“滤镜”菜单项，选择“扭曲”→“置换”命令。

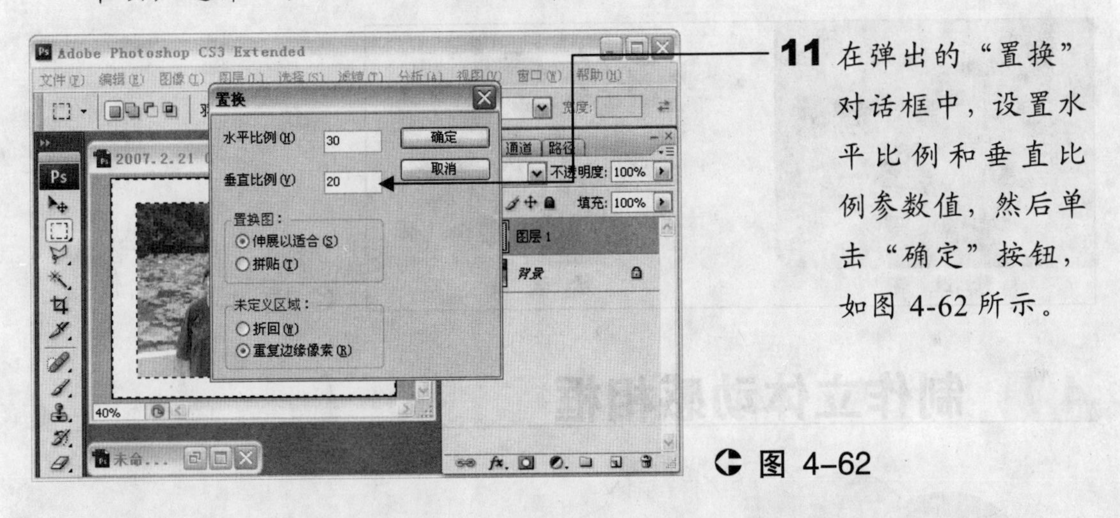

11 在弹出的“置换”对话框中，设置水平比例和垂直比例参数值，然后单击“确定”按钮，如图 4-62 所示。

图 4-62

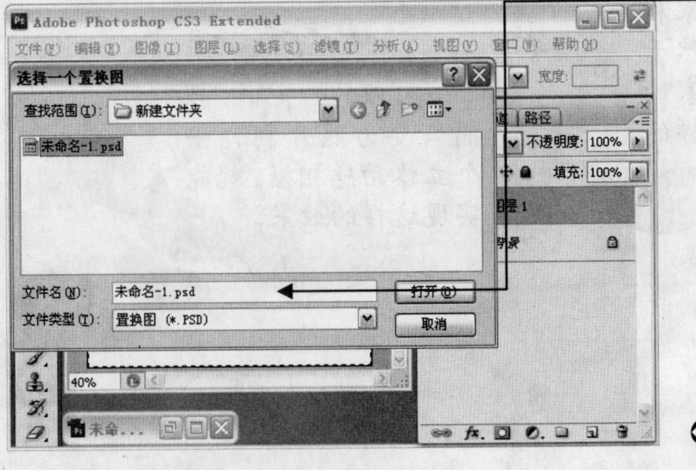

12 在弹出的“选择一个置换图”对话框中，选定前 6 步制作好的图片，然后单击“打开”按钮，如图 4-63 所示。

图 4-63

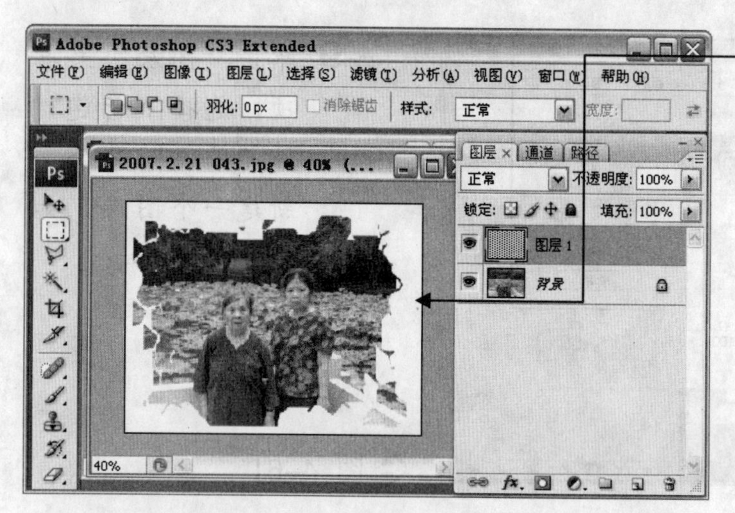

13 打开保存的图像，即可得到最终的制作效果，如图 4-64 所示。

图 4-64

原来的照片和经过处理的照片对比如图 4-65 所示。

图 4-65

4.7 制作立体动感相框

今天看见朋友家相片里的人物有种跃然于纸上的感觉，我们家的相片也能制作成那样的效果吗？

可以的，爷爷。我们只要为照片制作一个立体动感相框，就能实现这样的效果。

1 在 Photoshop CS3 中打开照片文件，按下【Ctrl+J】组合键，新建“图层 1”。

2 在“图层”窗格中选中图层 1，单击“滤镜”菜单项，选择“抽出”命令，如图 4-66 所示。

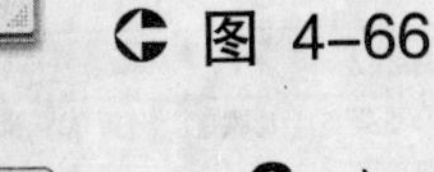
图 4-66

3 在弹出的“抽出”对话框中勾画出主体人物的轮廓，并使用填充工具填充人物，然后单击“好”按钮，如图 4-67 所示。

图 4-67

4 双击“背景”图层右侧的“🔒”按钮，在弹出的对话框中单击“确定”按钮，解除“背景”图层的锁定，如图 4-68 所示。

图 4-68

5 单击下方的“ ”按钮，添加图层蒙版，然后按下【Ctrl+Delete】组合键，将蒙版填充为黑色，如图 4-69 所示。

图 4-69

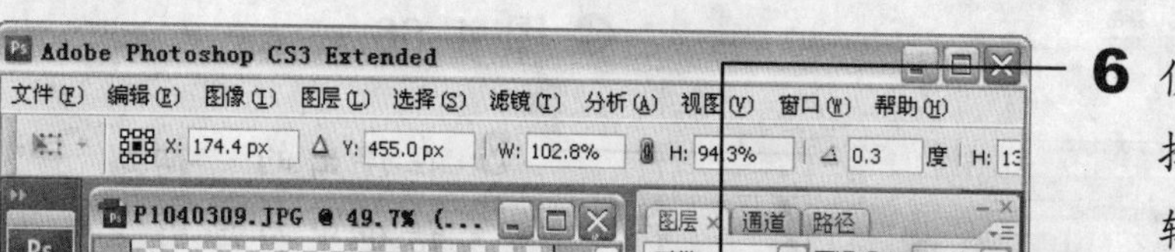

6 使用矩形选框工具选择一个区域，选择“编辑”→“变换”→“斜切”命令，进行变形，如图 4-70 所示。

图 4-70

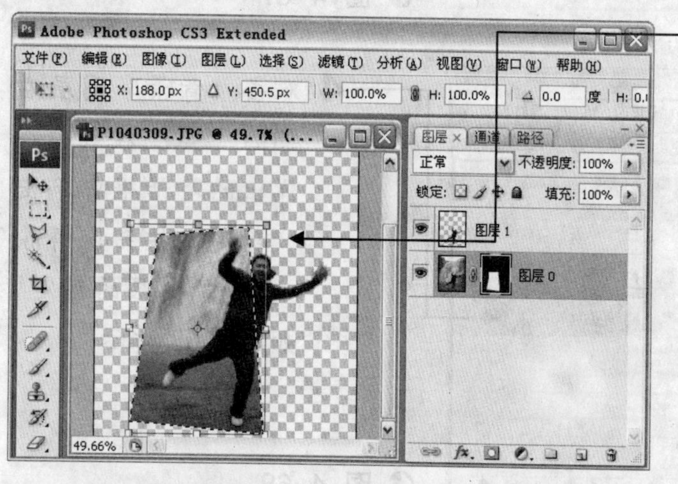

7 单击“编辑”菜单项，选择“填充”命令，将选区填充为白色，如图 4-71 所示。

图 4-71

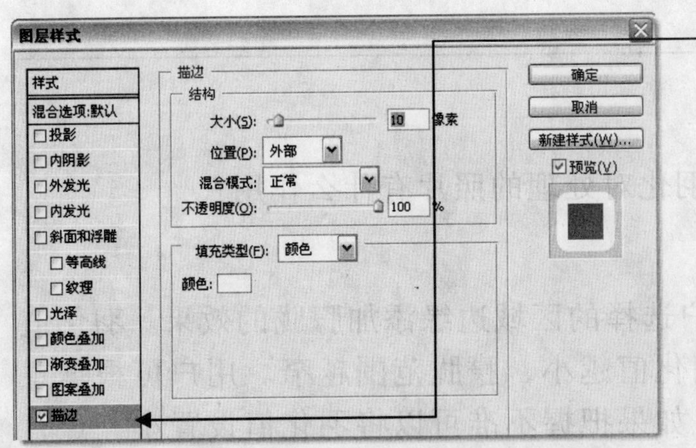

8 双击背景图层，在弹出的“图层样式”对话框中选中“描边”复选框，在右侧对各参数进行设置，如图 4-72 所示，单击“确定”按钮。

图 4-72

9 单击“图层”菜单项，选择“新建”→“图层”命令，新建“图层 2”。

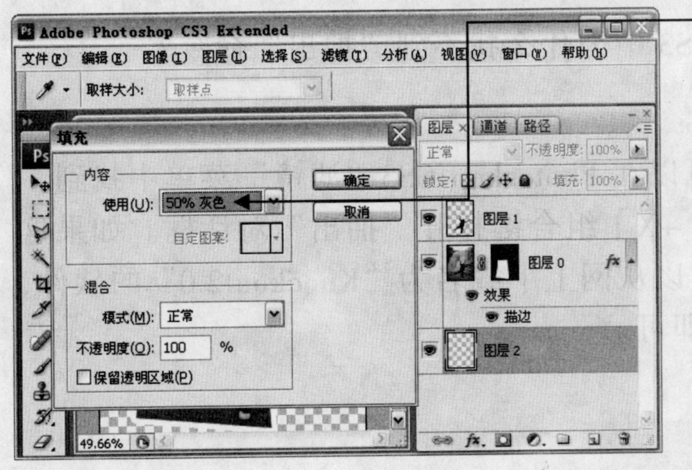

10 将新建的“图层 2”拖放到最下面并将该图层填充为灰色，然后单击“确定”按钮即可，如图 4-73 所示。

图 4-73

完成上面的操作后，一张跃然于纸上的立体人物照片就制作出来了，如图 4-74 所示。

图 4-74

4.8 疑难解答

：什么是羽化？羽化对处理的照片有什么作用？

：羽化就是为用户选择的区域边缘添加朦胧的效果。羽化值越大，朦胧范围越宽；羽化值越小，朦胧范围越窄。用户可根据想保留的图的大小来调节。如果把握不准可以将羽化值设置小一点，重复按【Delete】键，逐渐增大朦胧范围，从而选择自己需要的效果。

：在 Photoshop CS3 中为什么找不到"抽出"命令？

："抽出"命令可以在 Photoshop CS3"滤镜"菜单中找到，也可以直接按【Alt +Ctrl +X】组合键打开"抽出"对话框。如果这两种方法都不行，那么可以从网上下载名为"Knockout2.0"的软件，安装到 Photoshop CS3 中即可。

第 5 章
创意设计另类数码照片

本章热点：

★ 拼接全景照片
★ 怀旧的数码照片
★ 梦幻效果的柔焦画面
★ 会发光的天使宝贝
★ 将春景变成秋景
★ 艺术拼图照片
★ 个性邮票照片
★ 晚霞中的山峰

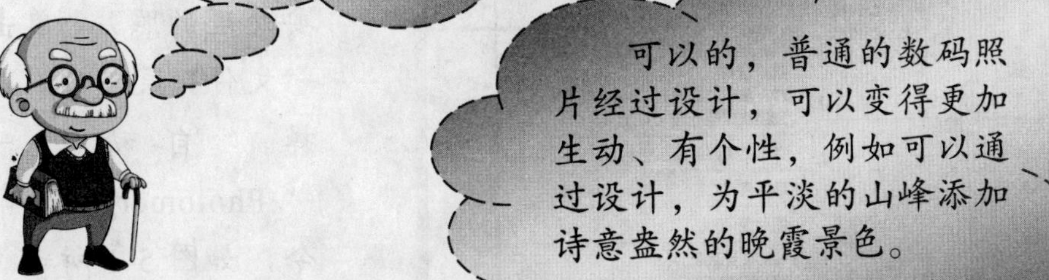

5.1 拼接全景照片

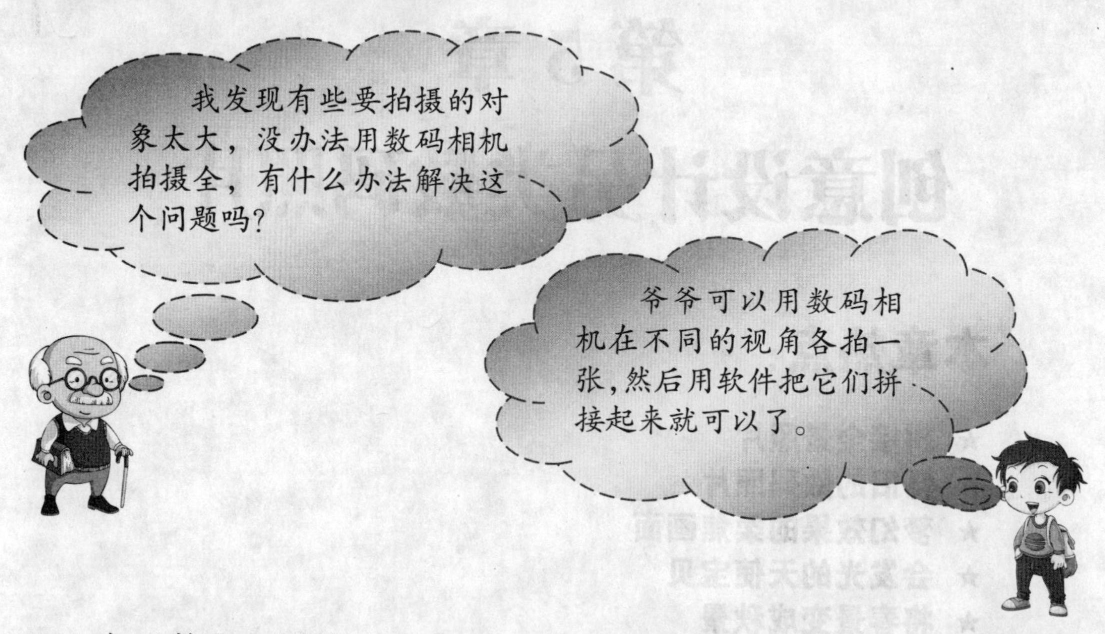

由于数码相机镜头的限制，很多时候往往无法将整个景色拍摄下来，所以经常会采用从多个角度拍摄的方法将景色保存下来。在后期的编辑过程中，再使用 Photoshop 或 COOL360 等图形图像处理软件将这些照片拼接成一幅完整的全景图即可。

5.1.1 使用 Photoshop 拼接全景照片

下面来介绍使用 Photoshop 拼接全景照片的具体步骤。

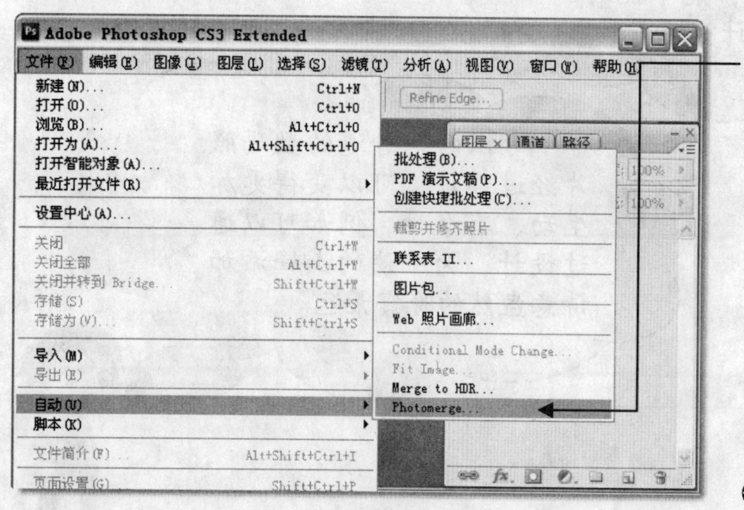

1 在 Photoshop 中打开要处理的照片，单击“文件”菜单项，选择“自动”→“Photomerge”命令，如图 5-1 所示。

图 5-1

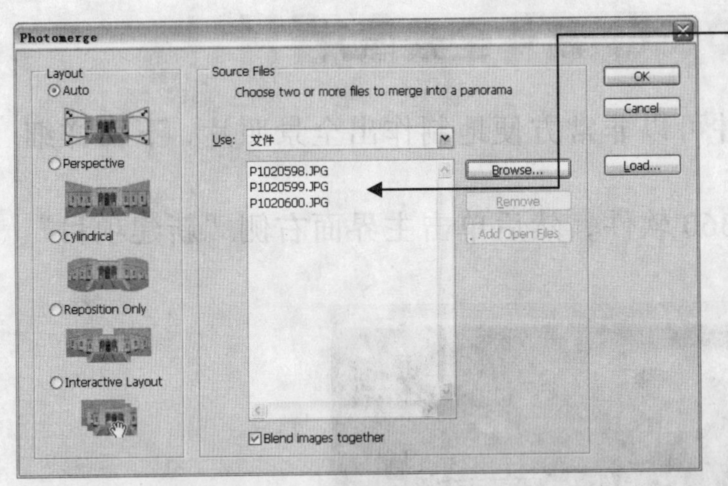

2 在弹出的“Photomerge”对话框中，单击“Browse”按钮，在弹出的“打开”对话框中选择要拼接的所有的照片文件，然后单击“OK”按钮，如图 5-2 所示。

图 5-2

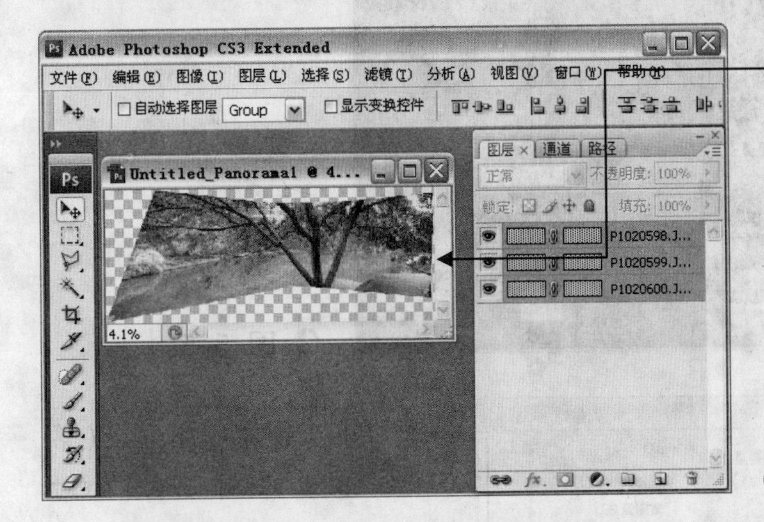

3 Photoshop 会自动将照片拼接完成，如图 5-3 所示。

图 5-3

将拼接完成的照片进行裁剪修改之后，对其进行保存即可。拼接前后的照片对比如图 5-4 所示。

图 5-4

5.1.2 使用 COOL360 制作全景照片

使用 COOL360 软件可以非常方便地制作出全景照片，下面详细介绍制作方法。

安装并打开 COOL360 软件，然后单击主界面右侧“新建项目”按钮，如图 5-5 所示。

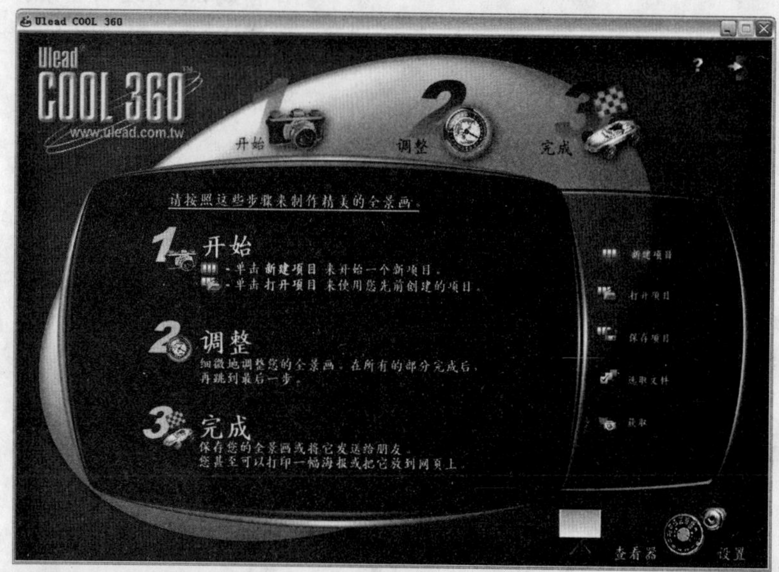

图 5-5

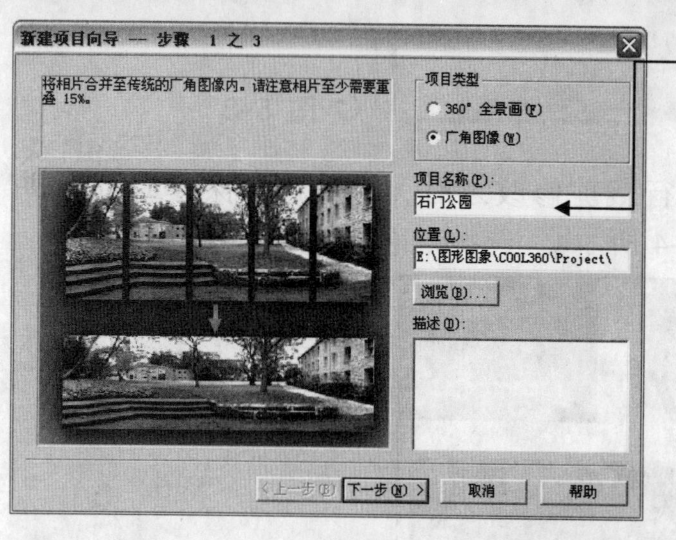

1 在“新建项目向导（第 1 步）”对话框中，对项目类型进行选择（这里选择“广角图像”单选项），对项目名称及保存位置进行设置，然后单击“下一步”按钮，如图 5-6 所示。

图 5-6

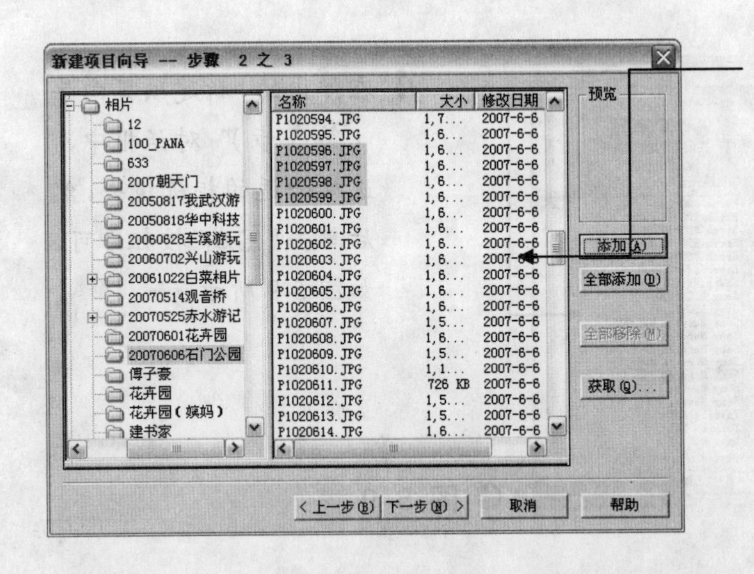

2 在“新建项目向导（第 2 步）”对话框中，单击“添加”按钮，将事先照好的数码照片导入进来，然后单击“下一步”按钮，如图 5-7 所示。

图 5–7

小提示：如果电脑上有视频输入设备，单击“获取”按钮，还可以通过视频设备及时截取照片。

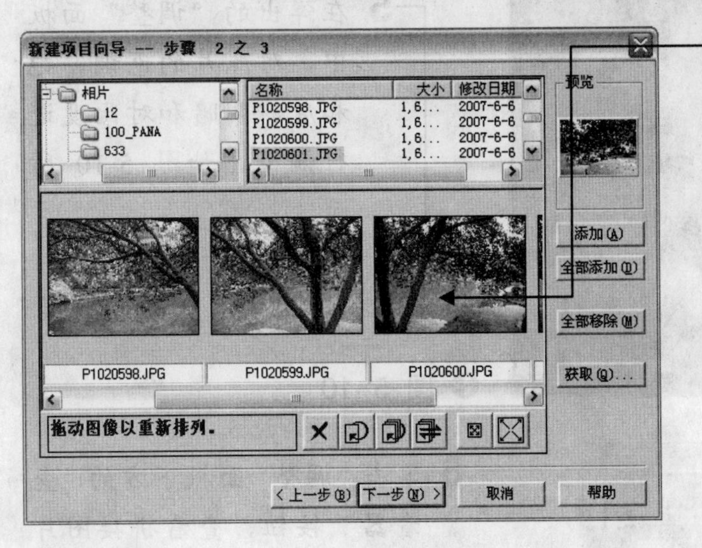

3 对所有的照片进行筛选和调整，删除画面重复的照片，然后单击“下一步”按钮，如图 5-8 所示。

图 5–8

小提示：用户在筛选照片的过程中还可以对照片进行旋转和逆向排序等操作。

4 在弹出的“新建项目向导（第 3 步）”对话框中，选择合适的相机镜头，然后单击“完成”按钮即可，如图 5-9 所示。

图 5-9

小知识：在“相机镜头”列表框中，可以从上百种镜头中选择自己照相机的镜头类型，使软件可以最真实地模拟出实际的效果。

5 在弹出的“调整”面板中，对照片的色调、饱和度、明暗和对比度进行调节，如图 5-10 所示。

图 5-10

6 单击“调整”面板下方的“查看器”按钮，查看拼接图片的效果，如图 5-11 所示。

图 5-11

7 单击界面上方的“完成”按钮，再单击“保存”按钮对修改的图片进行保存即可，如图 5-12 所示。

图 5–12

5.2 怀旧的数码照片

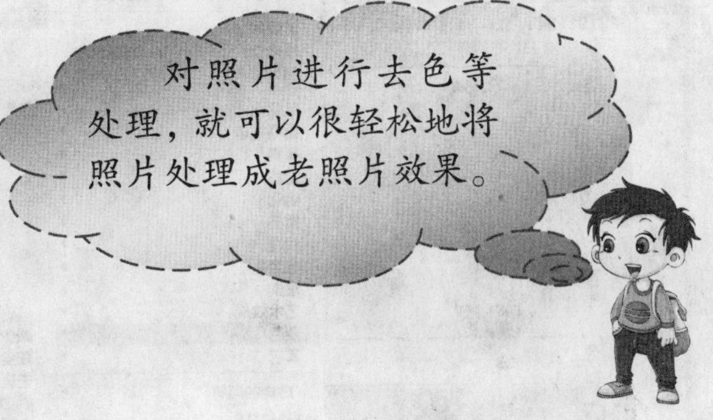

用 Photoshop 制作怀旧效果的照片非常简单，操作步骤如下。

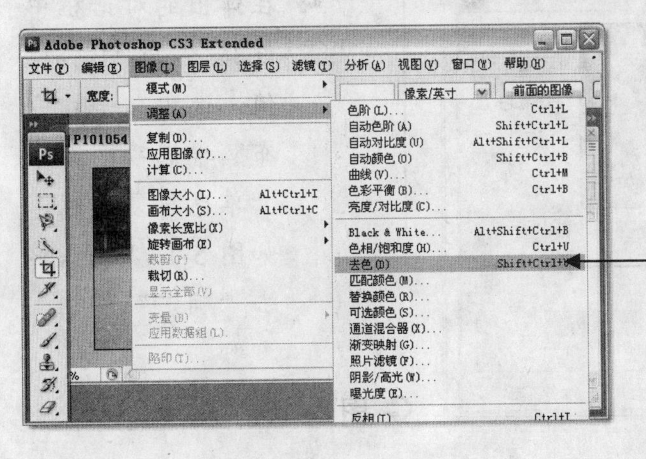

1 在 Photoshop 中打开要处理的照片，单击“图像”菜单项，选择“调整”→“去色”命令，如图 5-13 所示。

图 5–13

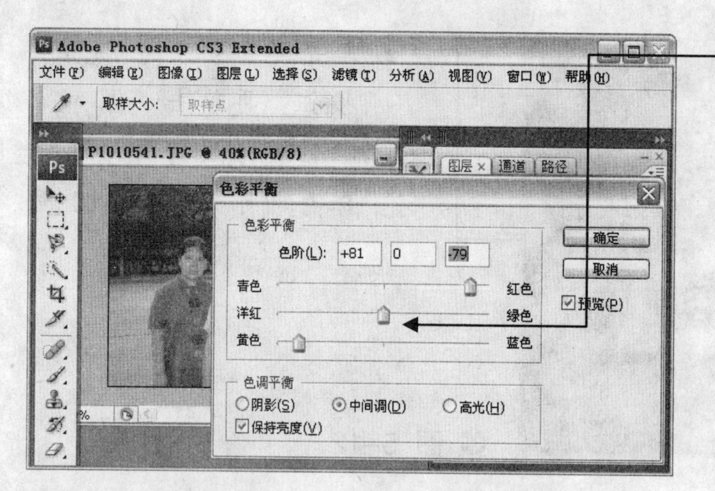

2 单击“图像”菜单项，选择“调整”→“色彩平衡”命令，然后在弹出的“色彩平衡”对话框中调整色阶参数值，使照片变黄，如图 5-14 所示，单击“确定”按钮。

图 5–14

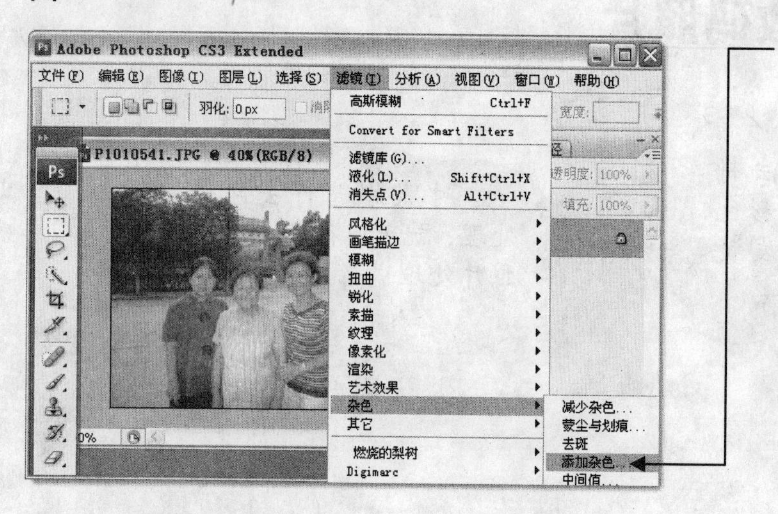

3 单击“滤镜”菜单项，选择“杂色”→“添加杂色”命令，如图 5-15 所示。

图 5–15

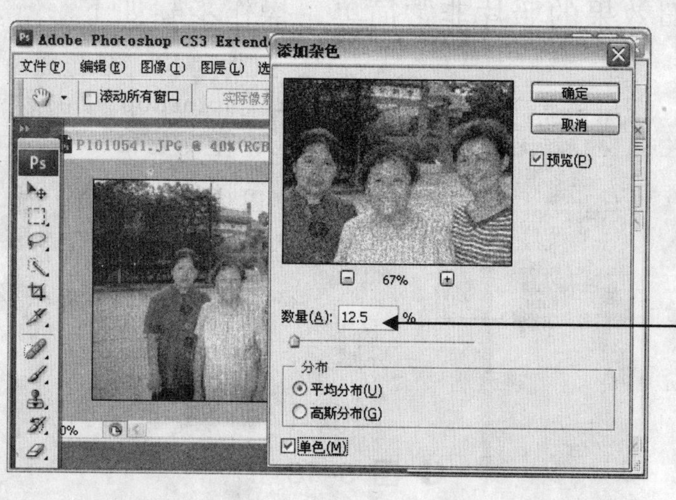

4 在弹出的对话框中设定杂质的参数值，选中“平均分布”单选项，选中“单色”复选框，如图 5-16 所示，单击“确定”按钮。

图 5–16

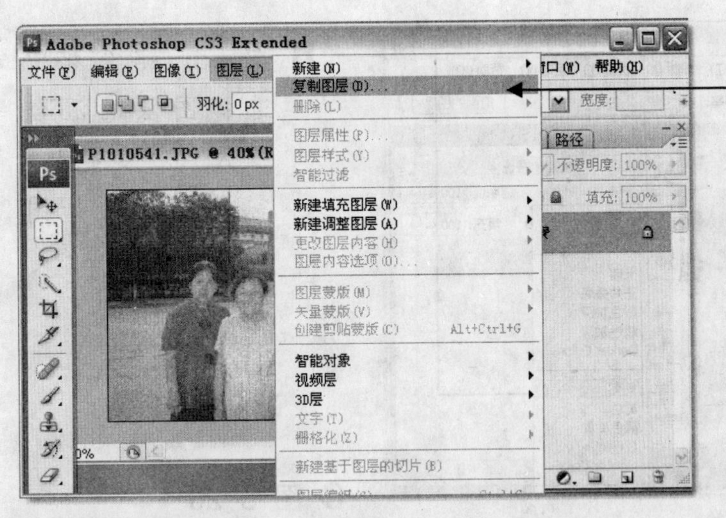

5 选中并右键单击“背景”图层，在弹出的快捷菜单中选择“复制图层”命令，新建图层副本，如图 5-17 所示。

图 5-17

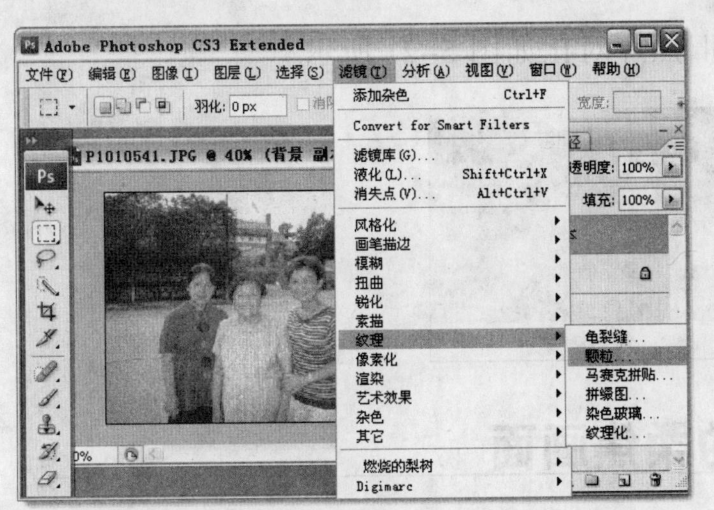

6 在“图层”窗格中选中“背景副本”图层，单击“滤镜”菜单项，选择“纹理”→“颗粒”命令，如图 5-18 所示。

图 5-18

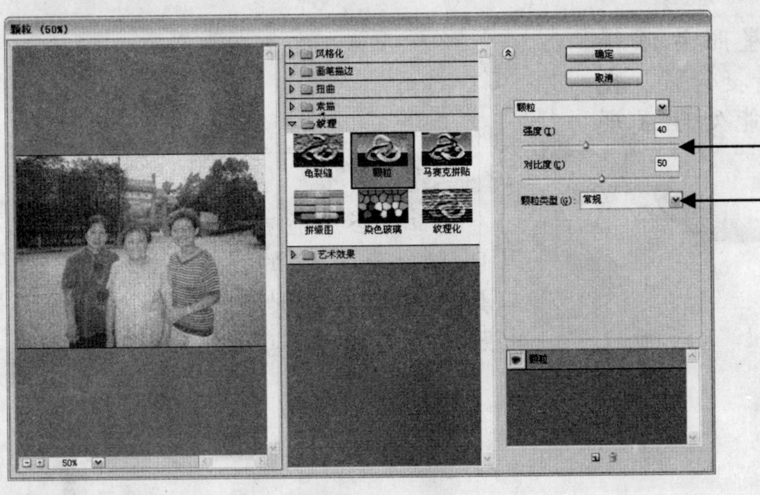

7 在弹出的“颗粒”对话框中，选择“颗粒类型”下拉列表中的“垂直”选项，并设定颗粒的强度和对比度参数值，然后单击“确定”按钮，如图 5-19 所示。

图 5-19

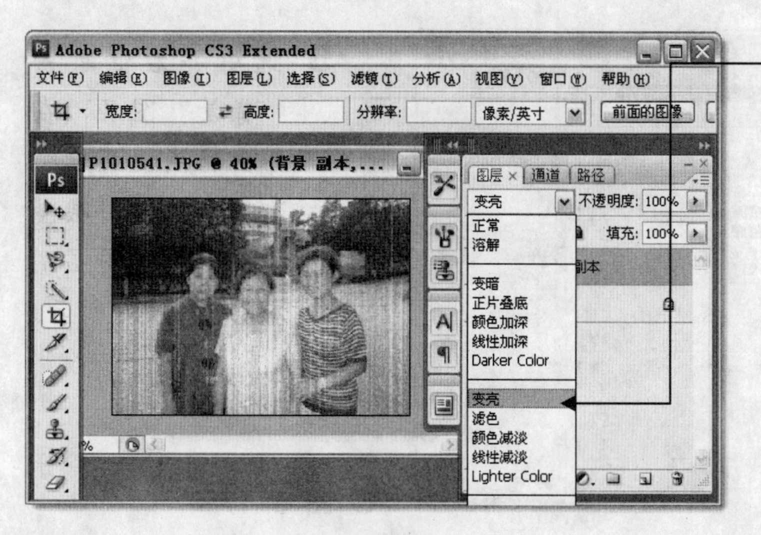

8 在“图层”窗格中选择图层的混合模式为“变亮”，完成修改，如图5-20所示。

图 5–20

原图与修改后的怀旧照片对比如图 5–21 所示。

图 5–21

5.3 梦幻效果的柔焦画面

有些明星照片照得挺朦胧，看着挺舒服，我们的照片也能处理成那样吗？

爷爷，当然能啦，使用 Photoshop CS3 的滤镜工具就可以轻松地制造出照片的柔焦效果。

柔焦效果能营造出一种柔美神秘的气氛，制作柔焦效果的步骤如下。

1 在 Photoshop 中打开要处理的照片，在“图层”窗格中，右键单击“背景”图层，选择“复制图层”命令，如图 5-22 所示。

图 5-22

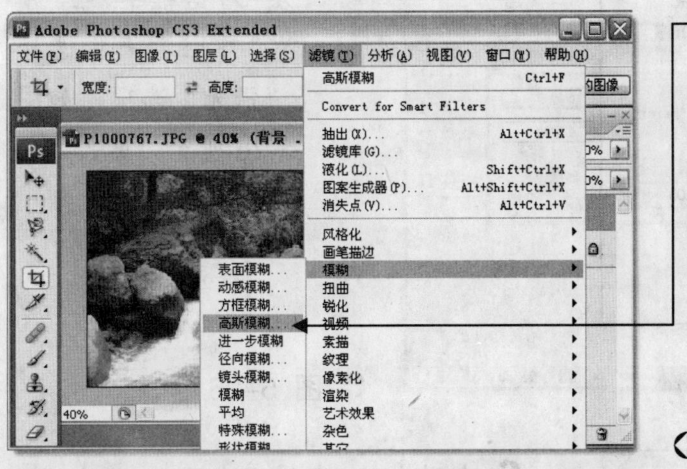

2 单击“滤镜”菜单项，选择“模糊”→“高斯模糊”命令，如图 5-23 所示。

图 5-23

3 在弹出的“高斯模糊”对话框中，设置半径参数的像素值为“20”，如图 5-24 所示，单击“确定”按钮。

图 5-24

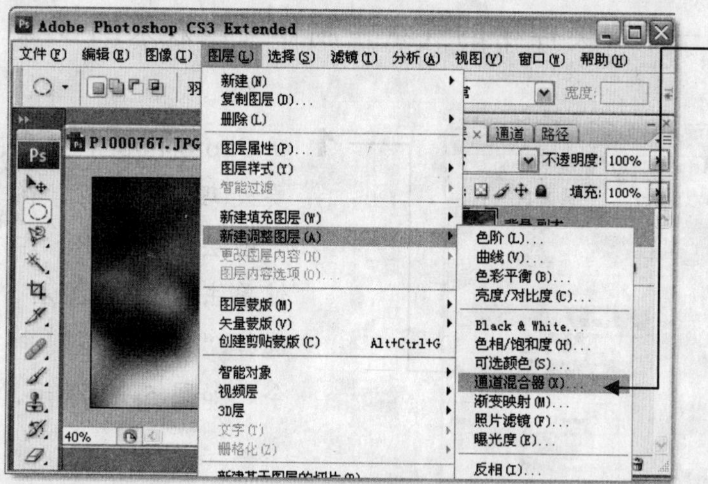

4 单击“图层”菜单项，选择“新建调整图层”→“通道混合器”命令，如图5-25所示。

图 5-25

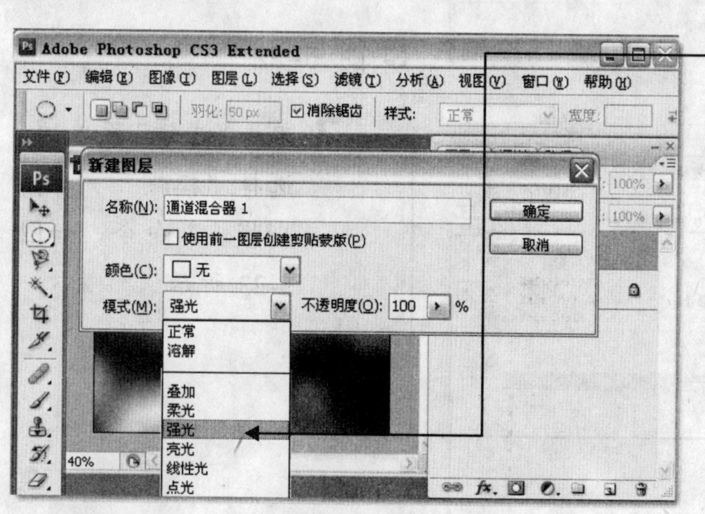

5 在弹出的“新建图层”对话框中，在“模式”下拉列表中选择“强光”选项，如图5-26所示，单击“确定”按钮。

图 5-26

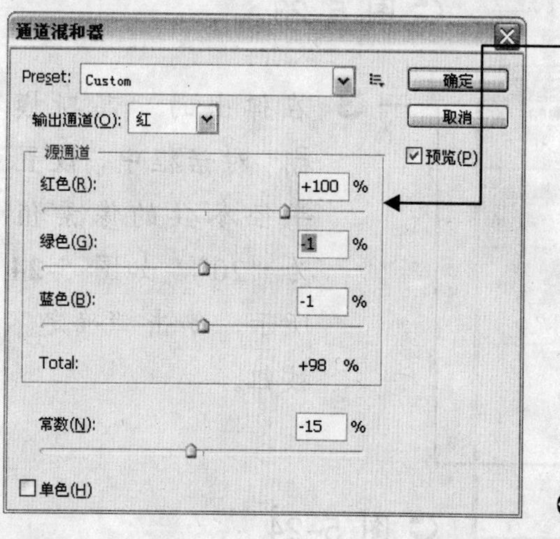

6 在弹出的“通道混合器”对话框中，将“源通道”栏的红色通道参数值设置为“+100”，其他参数值如图5-27所示，单击“确定”按钮。

图 5-27

7 在“图层”窗格中选中“背景副本”图层，然后将不透明度设置为 70%，如图 5-28 所示。

图 5-28

原照片与制作了柔焦效果的照片对比如图 5-29 所示。

图 5-29

5.4 会发光的天使宝贝

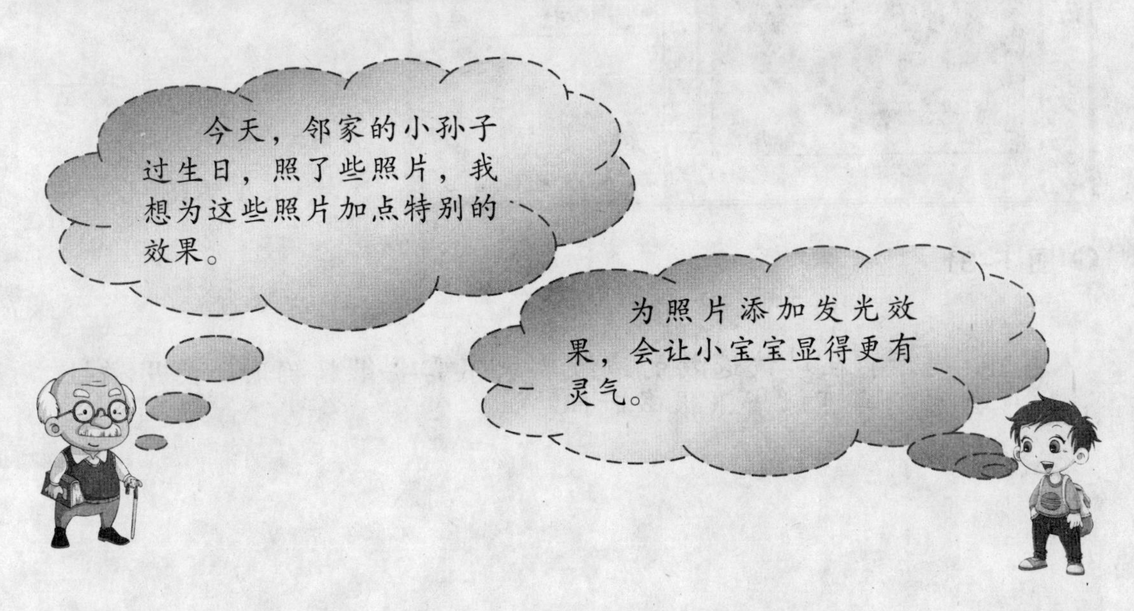

孩子清澈的眼睛、天真的笑颜格外让人喜爱，通过 Photoshop 的特殊处理，还可以让可爱的宝贝发出精灵般的光芒。

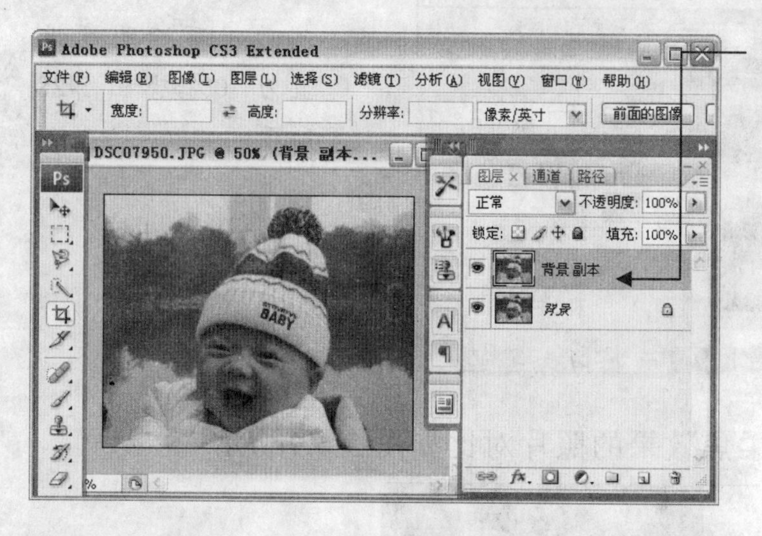

图 5-30

1 在 Photoshop 中打开要处理的宝宝照片，然后复制“背景”图层，如图 5-30 所示。

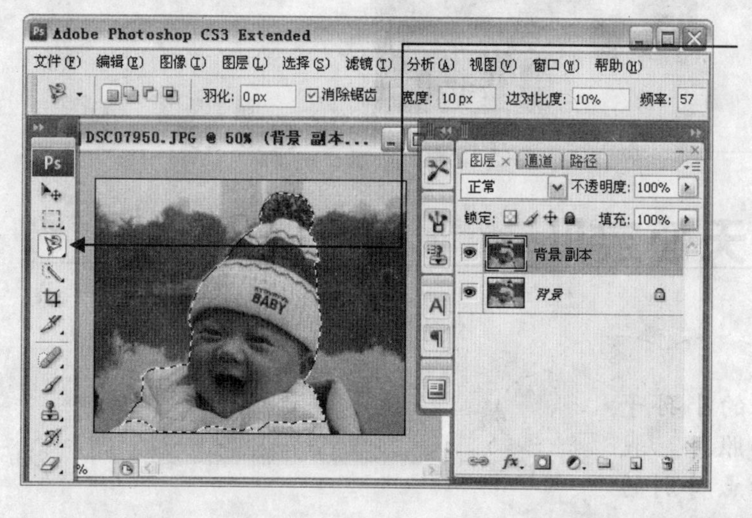

图 5-31

2 单击左侧工具箱中的“磁性套索工具”按钮，大致勾勒出宝宝的外形轮廓，如图 5-31 所示。

小提示：在对被选物的边缘要求不需要很精确时，使用磁性套索工具可以省下很多时间。

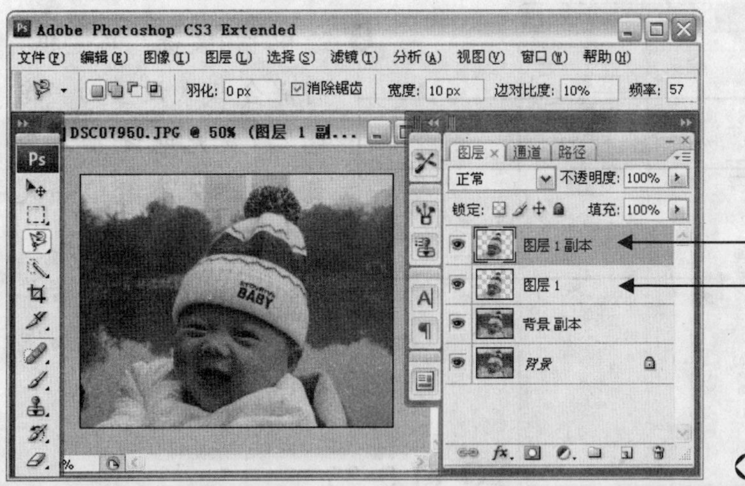

3 按下【Ctrl+J】组合键，复制选区为新图层，即“图层 1”。再复制图层 1，得到“图层 1 副本”，如图 5-32 所示。

图 5-32

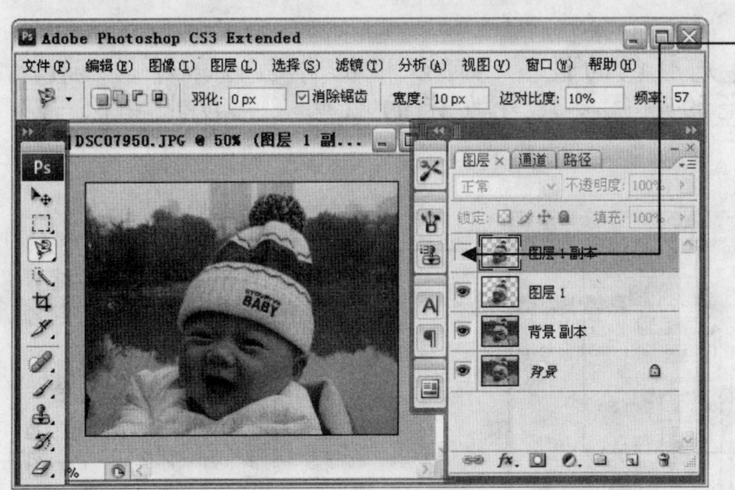

4 单击“图层 1 副本”前的眼睛状图标。关闭该图层视图，如图 5-33 所示。

图 5-33

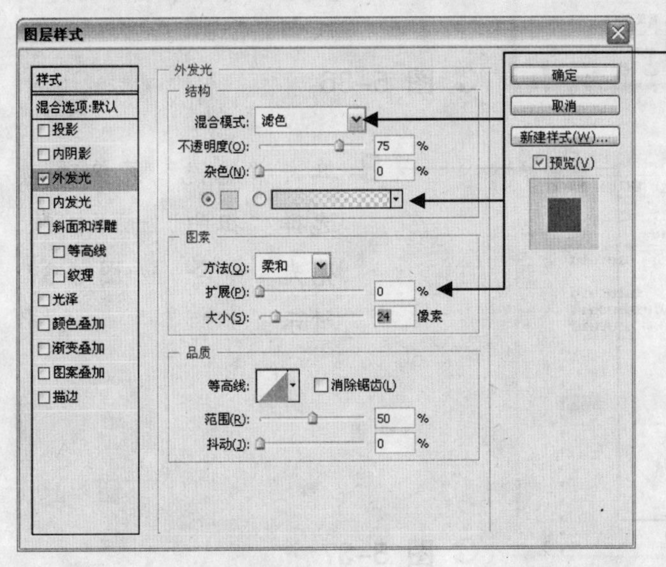

5 双击“图层 1”，弹出“图层样式”对话框，在左侧选中“外发光”复选框，将右侧的混合模式设置为“滤色”，发光色设置为淡绿色，扩展参数值设置为“0”，大小参数值为“24”，然后单击“确定”按钮，如图 5-34 所示。

图 5-34

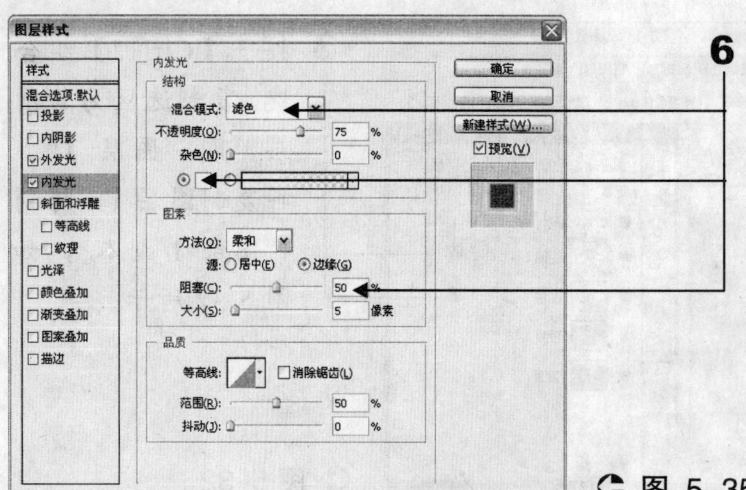

6 选中“内发光”复选框，将混合模式设置为“滤色”，发光色设置为金黄色，阻塞参数值和大小参数值分别设置为“50”和“0”，然后单击“确定”按钮，如图5-35所示。

图 5-35

小提示：对于发光颜色的设置，可以根据自己的喜好。一般情况下，内发光的颜色要比外发光的颜色在亮度上要低一些。

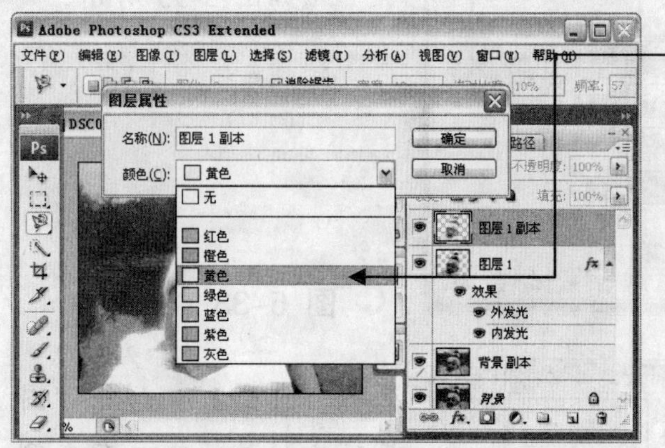

7 在“图层1副本”前的方框中单击鼠标左键，打开视窗，在该图层名称上单击鼠标右键，选择“图层属性”命令，在打开的对话框中选择颜色为黄色，如图5-36所示，单击“确定”按钮。

图 5-36

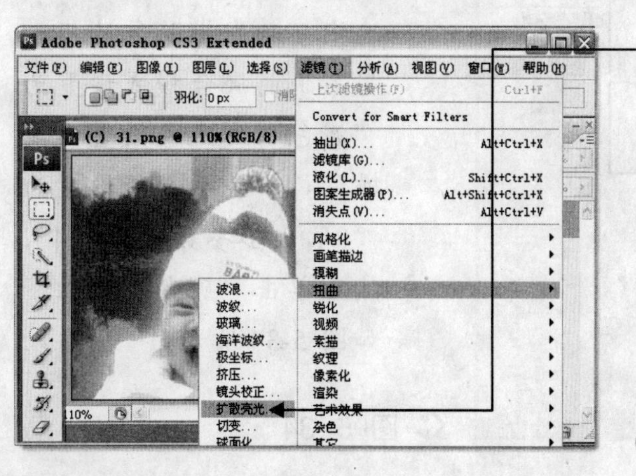

8 单击“滤镜”菜单项，选择“扭曲”→“扩散亮光”命令，如图5-37所示。

图 5-37

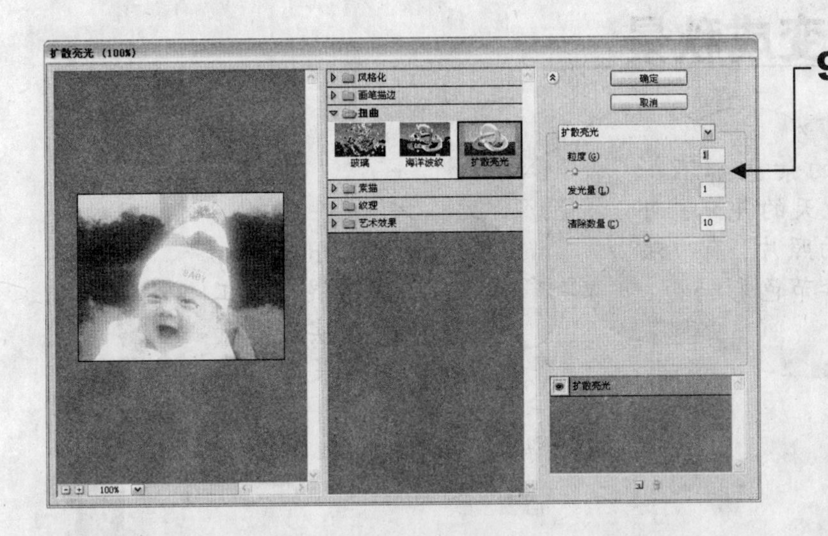

9 在弹出的“扩散亮光”对话框中，分别设置粒度、发光量和清除数量参数值，然后单击“确定”按钮，如图 5-38 所示。

图 5-38

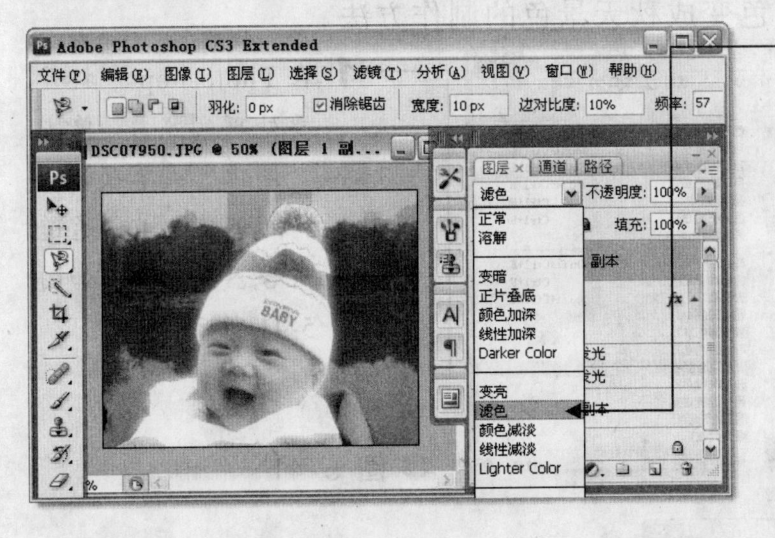

10 将“图层 1 副本”的图层混合模式改为“滤色”，即可完成操作，如图 5-39 所示。

图 5-39

修改前后如图 5-40 所示。

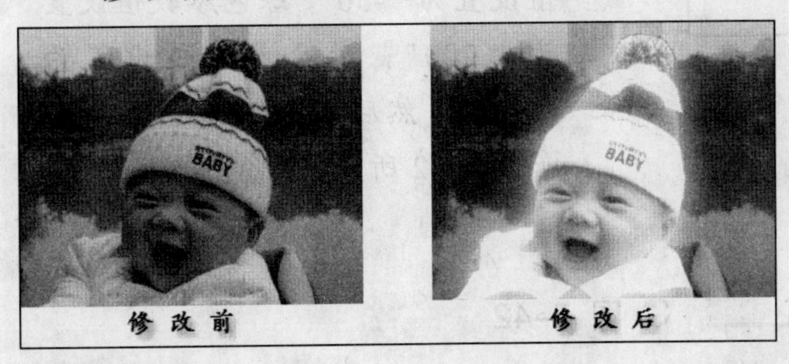

图 5-40

5.5 将春景变成秋景

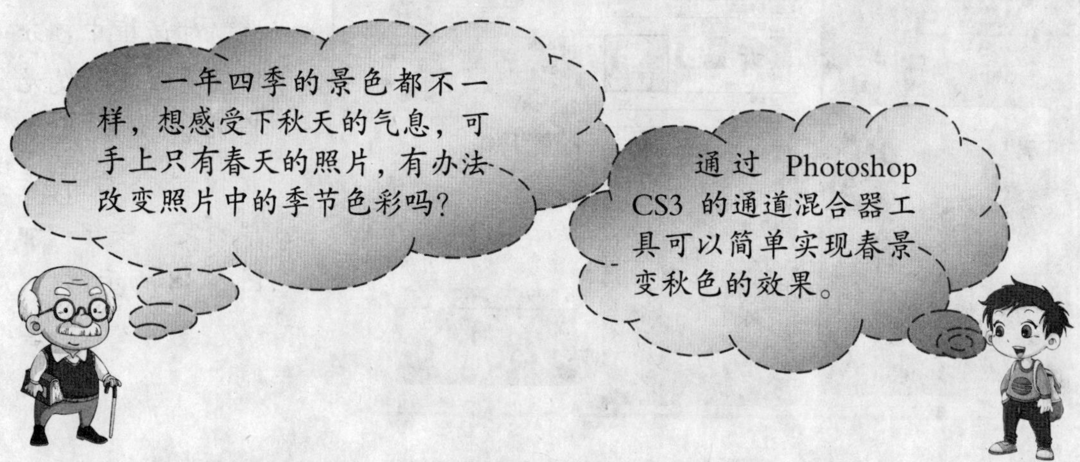

春天风光固然美丽，而金黄色的秋天景色也同样让人着迷，下面就来介绍将春天景色变成秋天景色的制作方法。

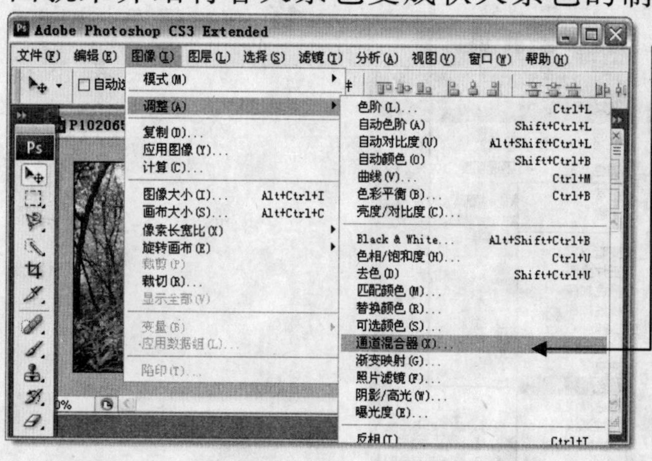

1 在 Photoshop 中打开要处理的照片，单击“图像”菜单项，选择“调整”→“通道混合器”命令，如图 5-41 所示。

图 5-41

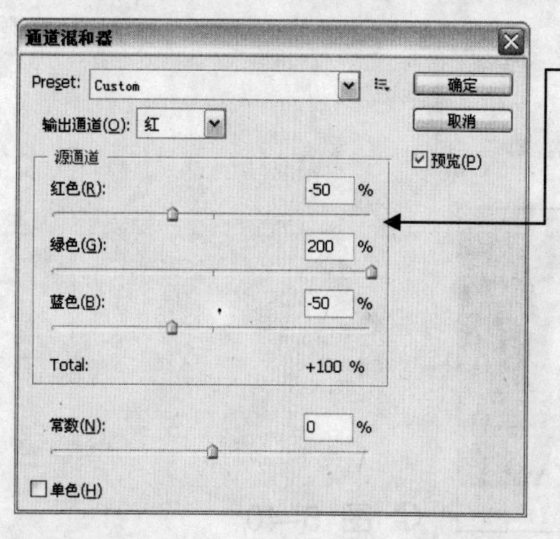

2 在弹出的“通道混合器”对话框中，将“源通道”栏的红色参数值设置为“-50”，绿色参数值设置为“200”，蓝色参数值设置为“-50”，然后单击“确定”按钮，如图 5-42 所示。

图 5-42

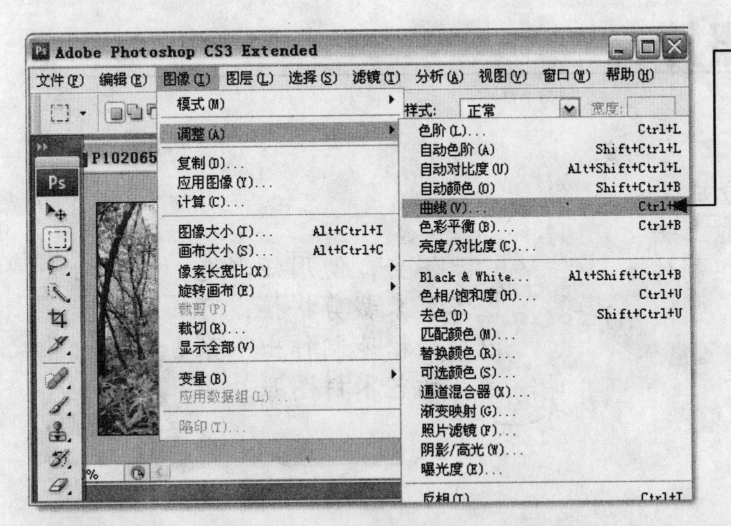

3 单击“图像”菜单项，选择“调整”→“曲线”命令，如图 5-43 所示。

图 5-43

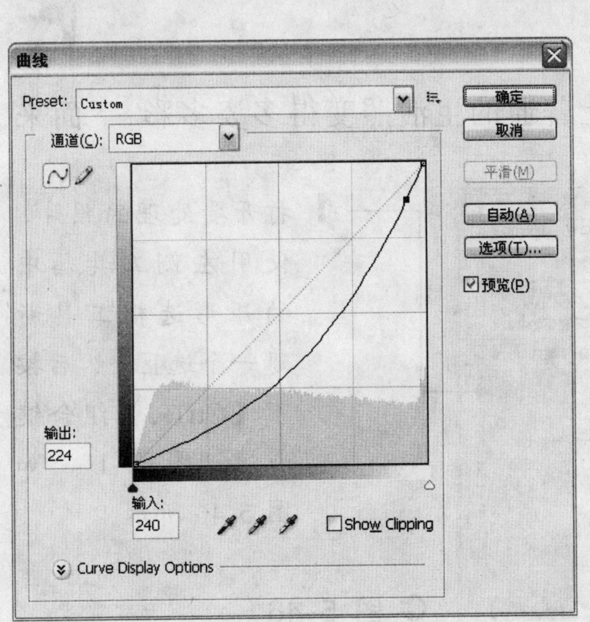

4 在弹出的“曲线”对话框中，从中间位置将图中的斜线向下拉动直到照片色调合适为止，如图 5-44 所示，然后单击“确定”按钮。

图 5-44

通过简单的修改就可以将春天的景色轻松变成浓浓的秋景了，如图 5-45 所示。

图 5-45

5.6 艺术拼图照片

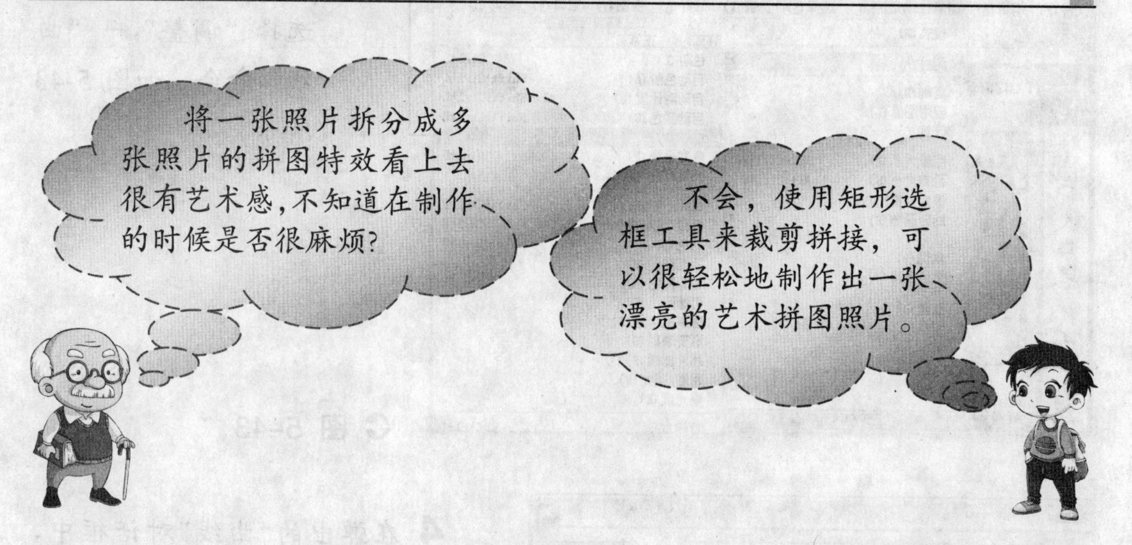

动感的艺术拼接照片可以让普通的生活照变得多姿多彩,下面来介绍制作的具体步骤。

1 打开要处理的照片,使用左侧工具箱中的矩形选框工具新建一个选区,然后按下【Ctrl+J】组合键新建"图层 1",如图 5-46 所示。

图 5-46

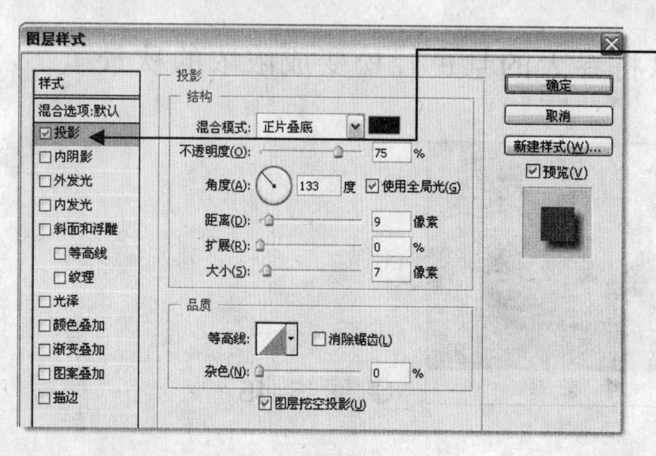

2 双击"图层 1",在弹出的"图层样式"对话框中,选中"投影"复选框,在右侧对各参数值进行设置,如图 5-47 所示。

图 5-47

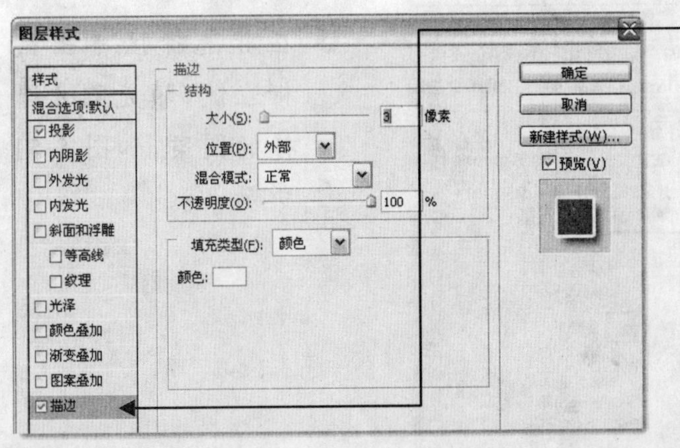

3 选中“描边”复选框，在右侧对“结构”栏的各参数值进行修改，如图 5-48 所示，单击“确定”按钮。

图 5-48

4 返回“背景”图层，采用相同的方法对照片进行处理，如图 5-49 所示，裁剪出多个部分。

图 5-49

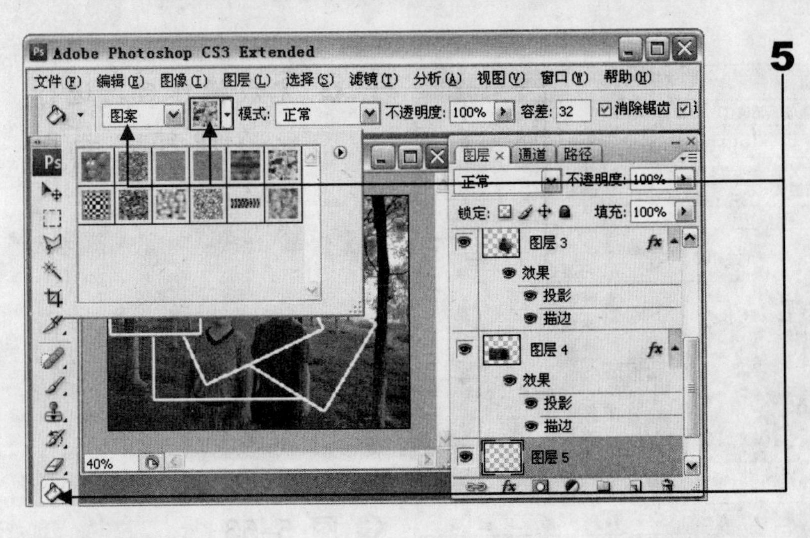

5 在“背景”图层上新建一个空白图层，选择左侧工具箱中的油漆桶工具，在工具栏中的“设置填充区域的源”下拉列表中选择“图案”选项，并选择一种背景图案，如图 5-50 所示。

图 5-50

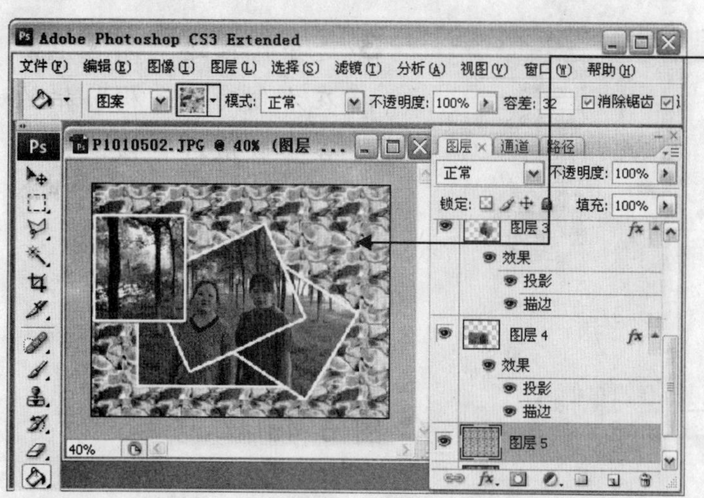

6 在非选择区单击鼠标左键，填充刚才选择的图案，如图 5-51 所示。

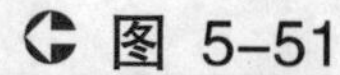
图 5-51

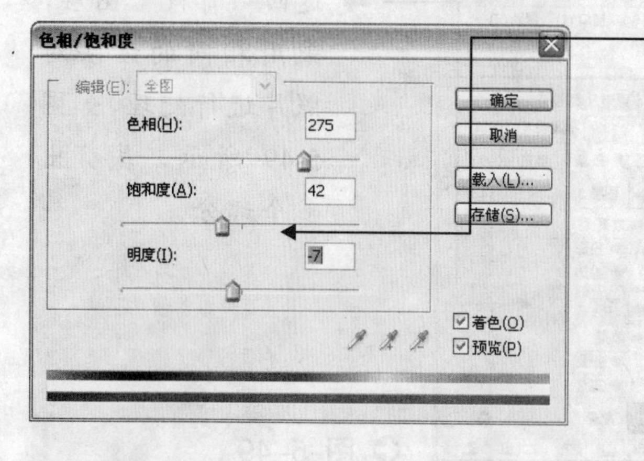

7 单击“图像”菜单项，选择“调整”→“色相/饱和度”命令。选中“着色”复选框，并对各参数值进行设置，如图 5-52 所示，单击“确定”按钮。

图 5-52

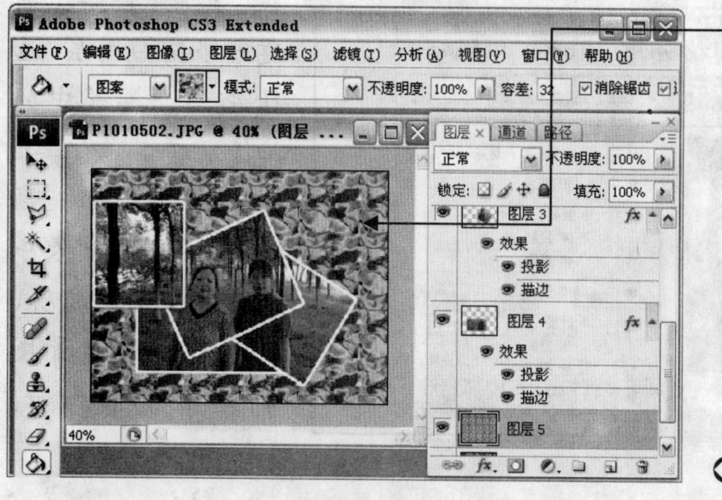

8 完成操作后，进行保存即可，如图 5-53 所示。

图 5-53

处理前后的照片对比如图 5-54 所示。

图 5-54

5.7 个性邮票照片

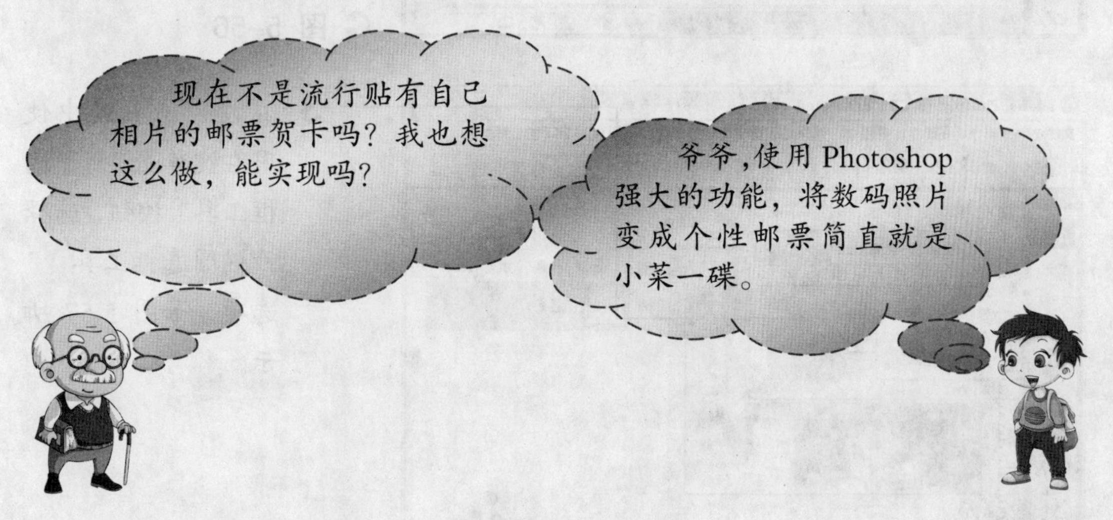

将自己的照片制作成邮票效果的照片，不但有趣还十分有纪念意义。下面就来介绍一下具体的制作步骤。

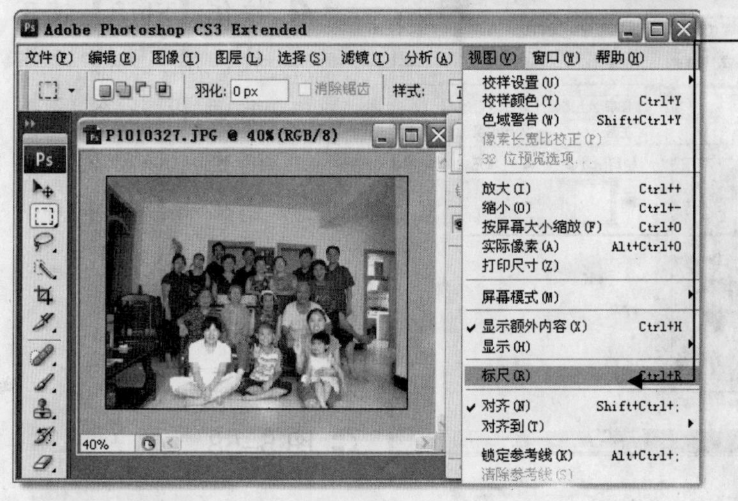

1 在 Photoshop CS3 中打开要处理的照片，单击“视图”菜单项，选择“标尺”命令，如图 5-55 所示。

图 5-55

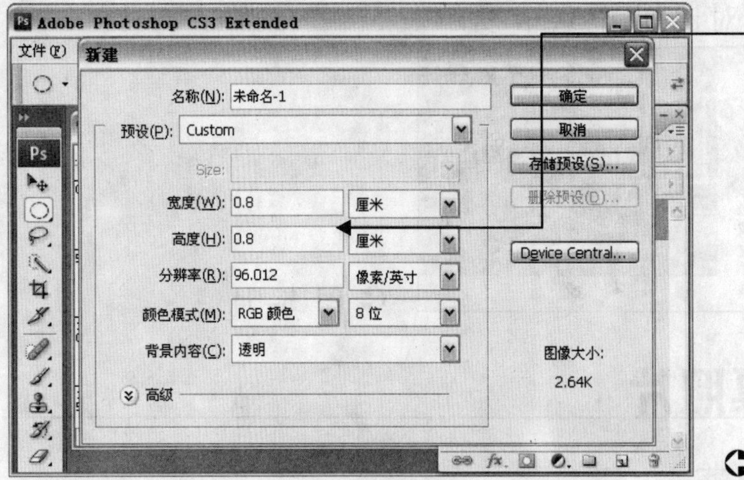

2 选择“文件”→“新建”命令，在弹出的“新建”对话框中，分别将宽度值和高度值设置成0.8厘米，然后单击“确定”按钮，如图5-56所示。

图 5-56

3 在左侧工具箱中使用右键单击“矩形选框工具”按钮，选择“椭圆选框工具◯”选项，如图5-57所示。

图 5-57

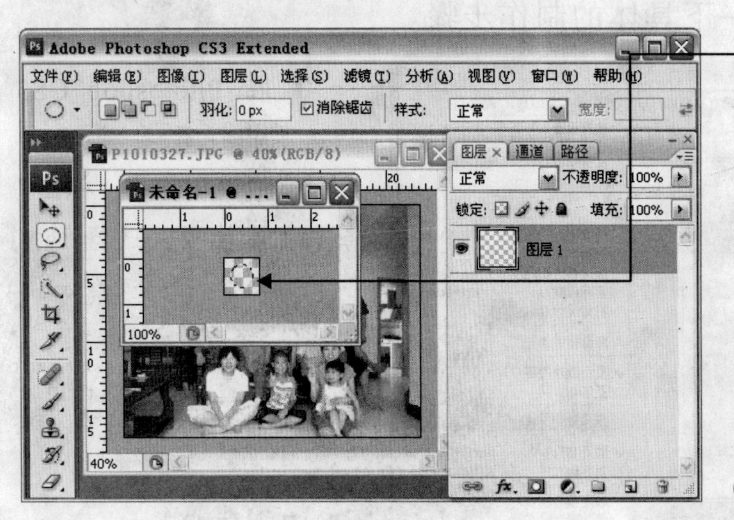

4 按住【Shift】键不放，用鼠标在画布上画出一个圆形选框，移动该选框到画布的正中间，如图5-58所示。

图 5-58

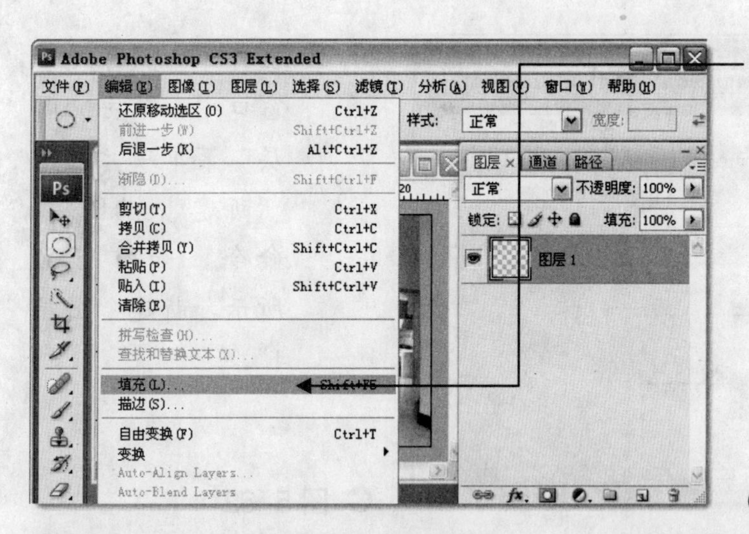

图 5-59

5 单击“编辑”菜单项，选择“填充”命令，如图 5-59 所示。

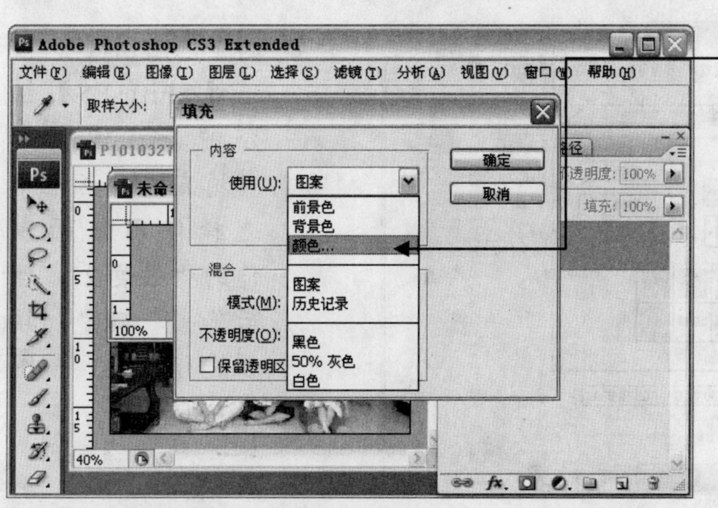

图 5-60

6 在弹出的“填充”对话框中，在“使用”下拉列表中选择“颜色”选项，在打开的对话框中选择蓝色，然后单击“确定”按钮，如图 5-60 所示。

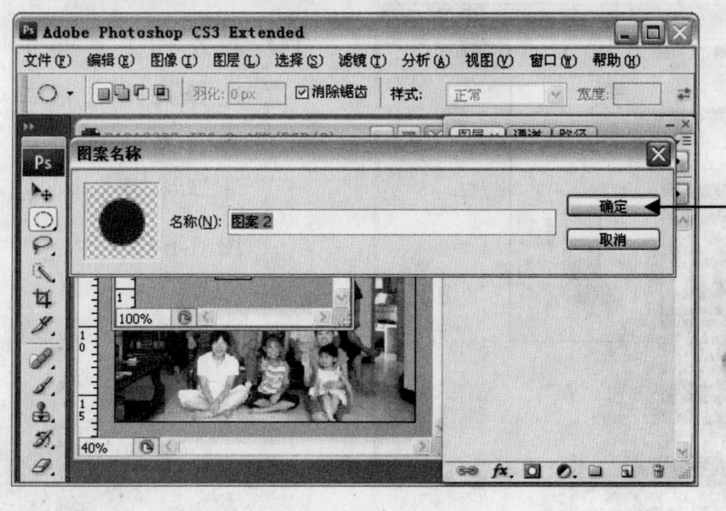

图 5-61

7 单击“编辑”菜单项，选择“定义图案”命令，弹出“图案名称”对话框，直接单击“确定”按钮，如图 5-61 所示。

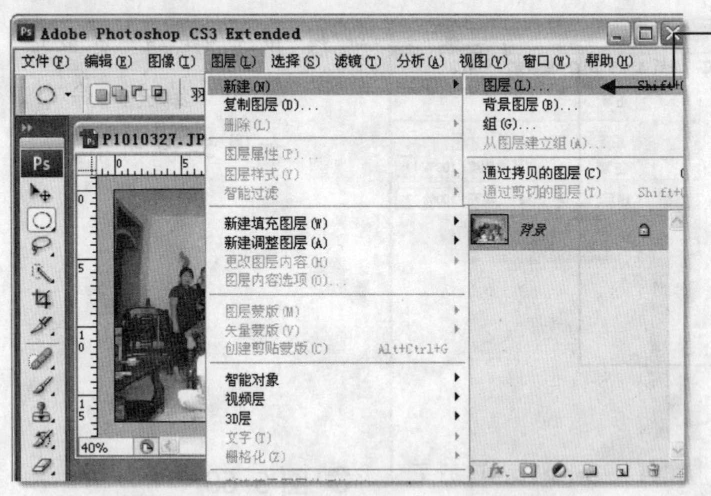

8 在打开的照片文件窗口中，单击“图层”菜单项，选择“新建”→“图层”命令，如图 5-62 所示，新建“图层 1”。

图 5-62

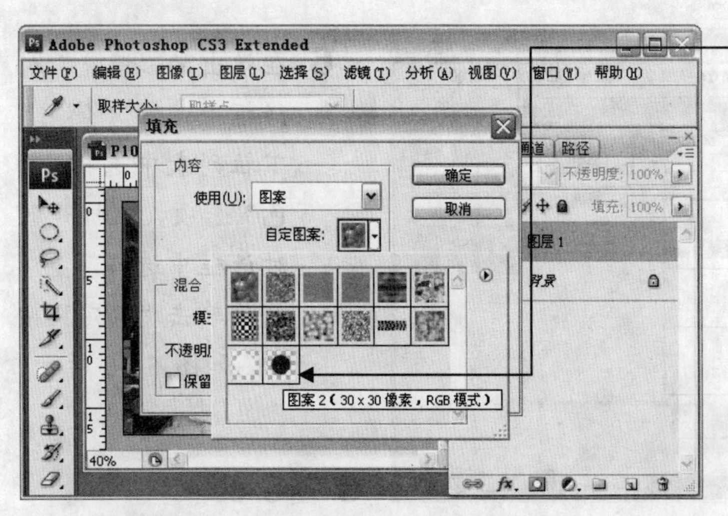

9 选中“图层 1”，按下【Shift+F5】组合键，在弹出的“填充”对话框中选择使用前面制作的“图案 2”，然后单击“确定”按钮进行填充，如图 5-63 所示。

图 5-63

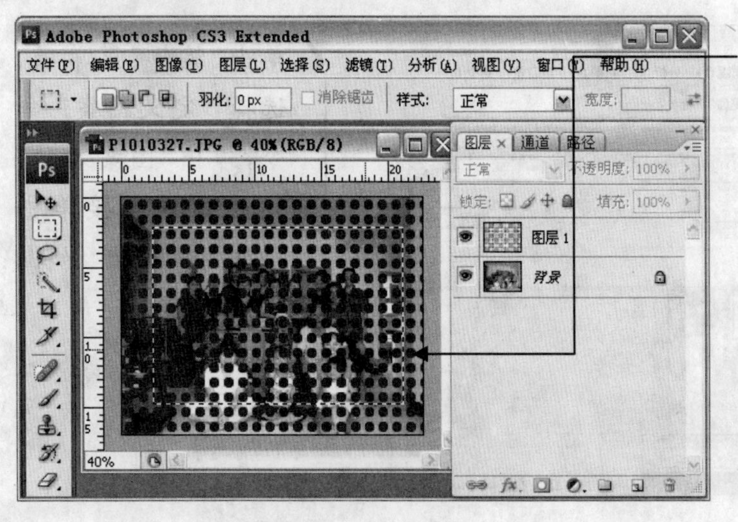

10 在左侧工具箱中选择矩形选框工具，在照片中框选一个区域，如图 5-64 所示。

图 5-64

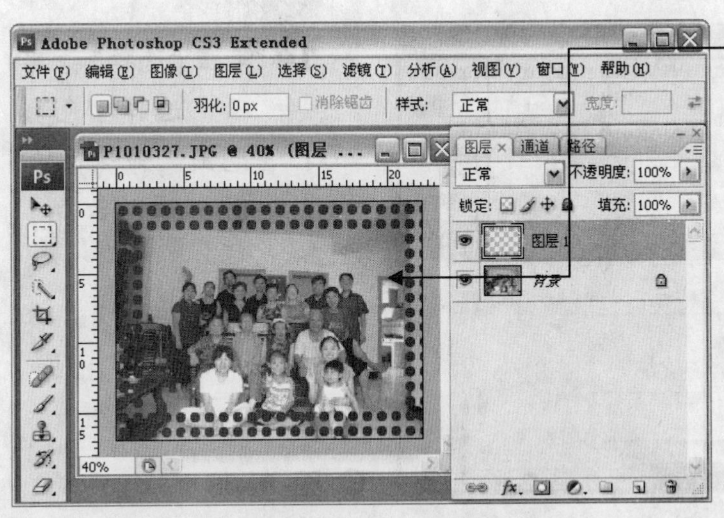

11 按下【Delete】键删除所选区域，如图 5-65 所示。

图 5-65

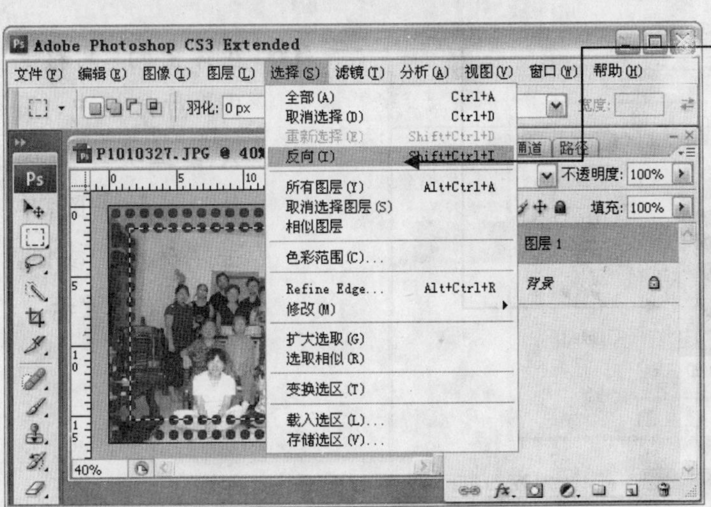

12 使用矩形选框工具在照片最内侧的一排填充图案上半圆的位置画矩形框，单击“选择”菜单项，选择“反向”命令，如图 5-66 所示。

图 5-66

13 按下【Crtl+E】组合键合并图层，然后按下【Delete】键删除所选区域，如图 5-67 所示。

图 5-67

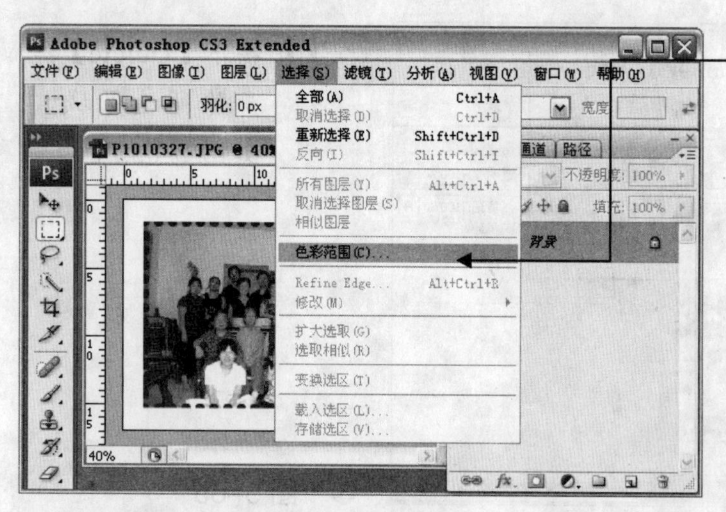

14 单击“选择”菜单项，选择“色彩范围”命令，如图 5-68 所示。

图 5-68

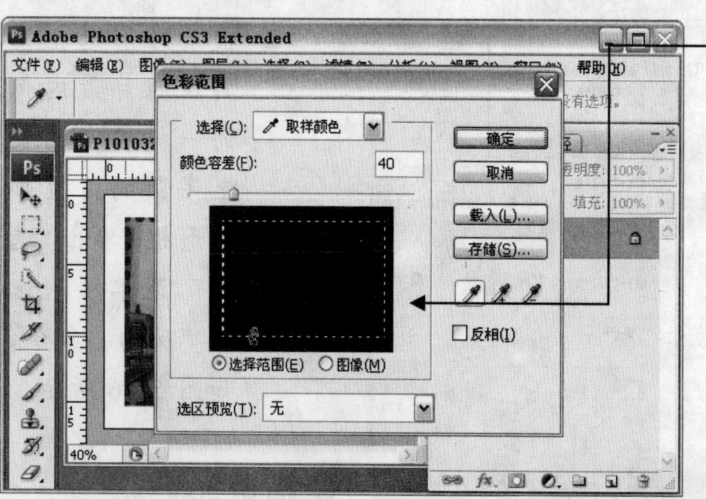

15 在弹出的“色彩范围”对话框中，用吸管工具单击照片边缘的半圆，单击“确定”按钮，如图 5-69 所示。

图 5-69

16 按下【Delete】键，删除半圆图形中的色彩，单击“直线工具”按钮，给照片画出一个白色方框，如图 5-70 所示。

图 5-70

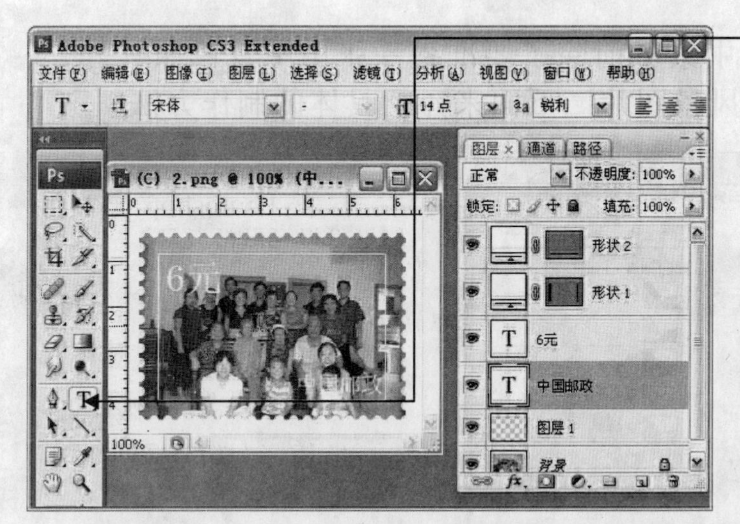

17 使用工具箱中的文字工具T，给邮票照片添加文字和面额，如图 5-71 所示。

图 5-71

这样，普通的照片就被做成了一张漂亮个性的邮票照片，如图 5-72 所示。

图 5-72

5.8 晚霞中的山峰

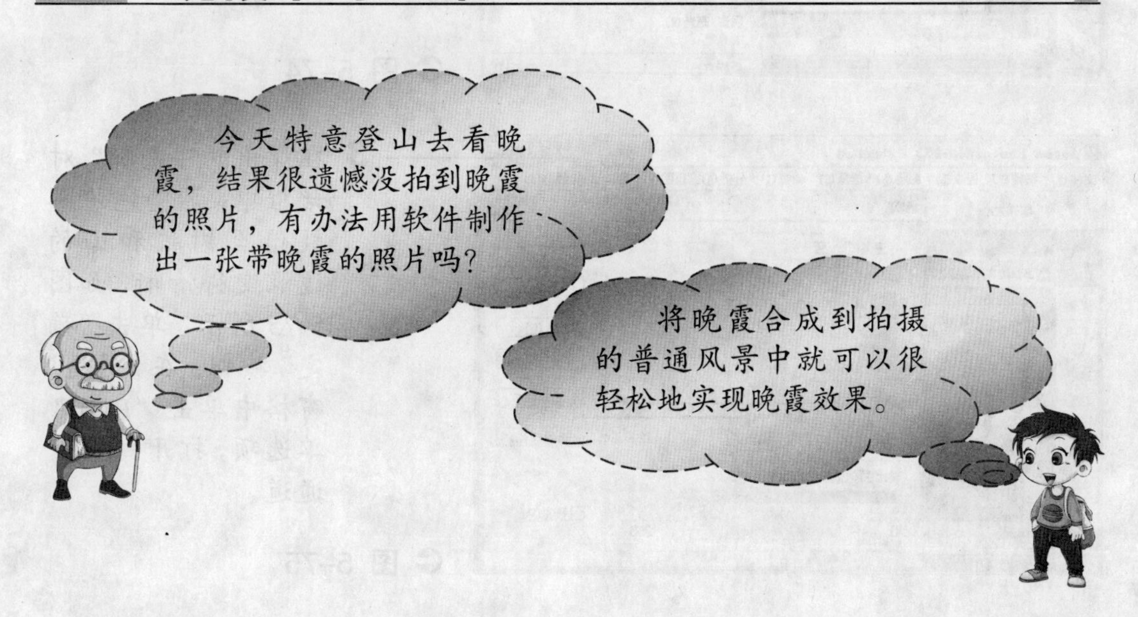

在制作晚霞中的山中景色前除了要准备一张山中景色照片外，还需要准备一张晚霞的风景图片。下面来介绍具体的制作方法。

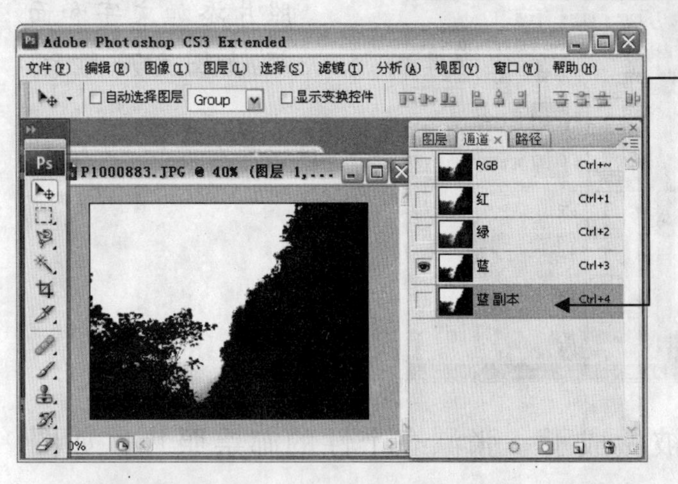

1 在 Photoshop 中打开要处理的照片，然后切换到“通道”窗格，复制一个黑白对比较明显的“蓝 副本”通道，如图 5-73 所示。

图 5-73

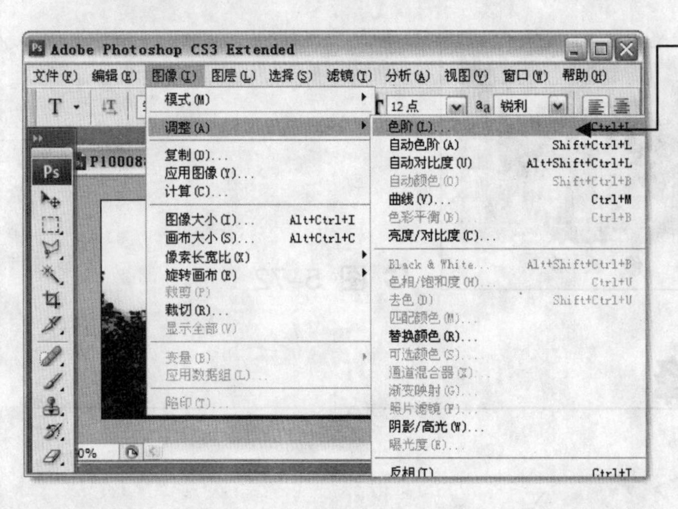

2 选中“蓝”通道，单击“图像”菜单项，选择“调整”→“色阶”命令，如图 5-74 所示。

图 5-74

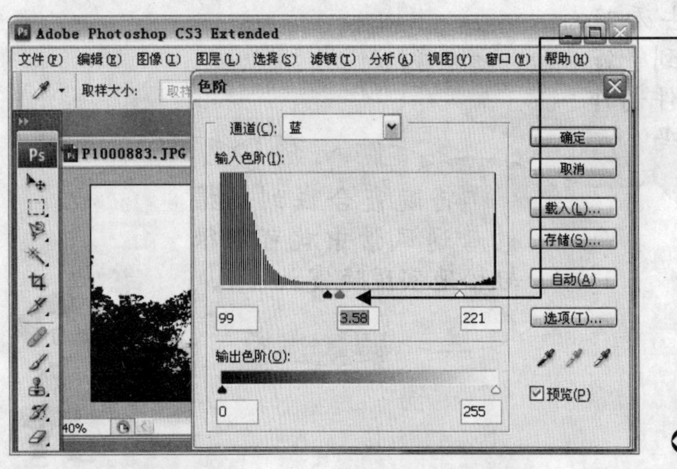

3 在弹出的“色阶”对话框中，调整色阶参数值至树枝和山的边缘变得清晰，如图 5-75 所示，单击“确定”按钮。在“通道”窗格中单击“RGB”单选项，打开“RGB”通道。

图 5-75

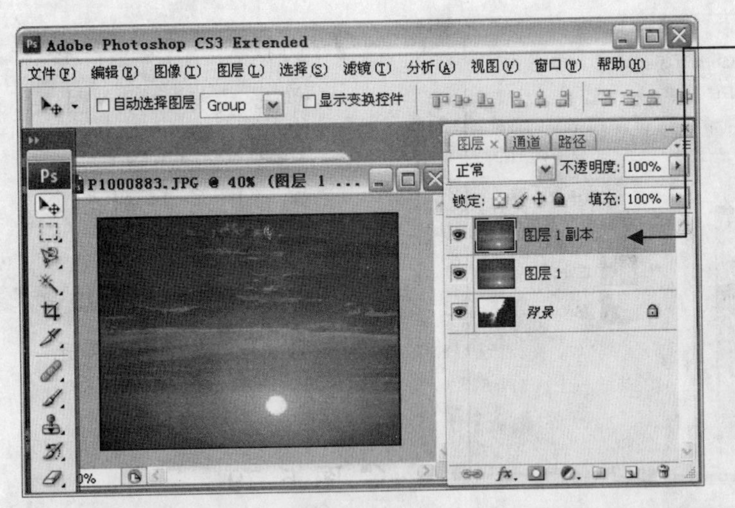

4 将准备好的晚霞素材拖放到山中景色照片中生成“图层1”，并按下【Ctrl+J】组合键复制新图层“图层 1 副本”，如图 5-76 所示。

图 5-76

5 单击眼睛图标，关闭“图层 1 副本”视图，选中“图层 1”，设置混合模式为“叠加”，如图 5-77 所示。

图 5-77

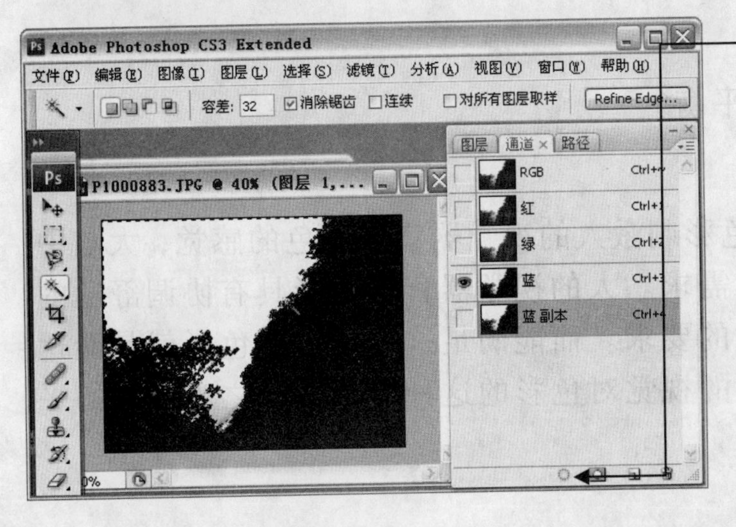

6 切换到“通道”窗格，在只打开“蓝”通道的情况下，选定“蓝副本”通道，然后单击窗格下方的“载入选区”按钮，载入选区，如图 5-78 所示。

图 5-78

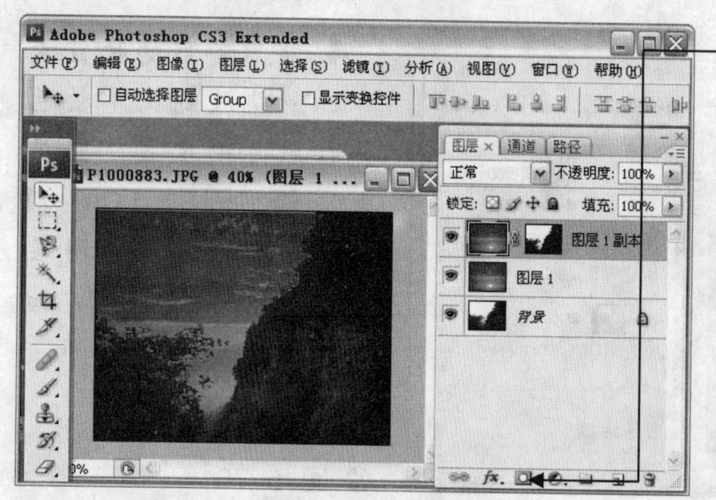

7 切换到“图层”窗格，单击鼠标打开“图层1 副本”视图，并选定“图层1 副本”，然后单击下方的“添加蒙版”按钮即可，如图 5-79 所示。

图 5-79

完成上述操作后，绚丽的晚霞风景跃然于照片中了，如图 5-80 所示。

图 5-80

5.9 疑难解答

：什么是色彩平衡？

：当自然界的色彩刺激人的视觉器官产生色的感觉，大脑中枢就会产生色彩的平衡需求。人的视觉器官对色彩具有协调舒适的要求，即不带尖锐刺激的要求。而能满足这种要求的色彩就是能达到平衡需求的色彩。人的视觉对色彩的这种需求，称之为色彩的平衡。

第6章
精心点缀昔日老照片

本章热点：

★ 轻松去除老照片网纹
★ 翻新昔日的老照片
★ 让黑白照片变为彩色照片

以前的一些老照片通过扫描仪扫描到电脑上后，发现有不少照片都损坏或者发黄了，有没有办法翻新或者修复它们？

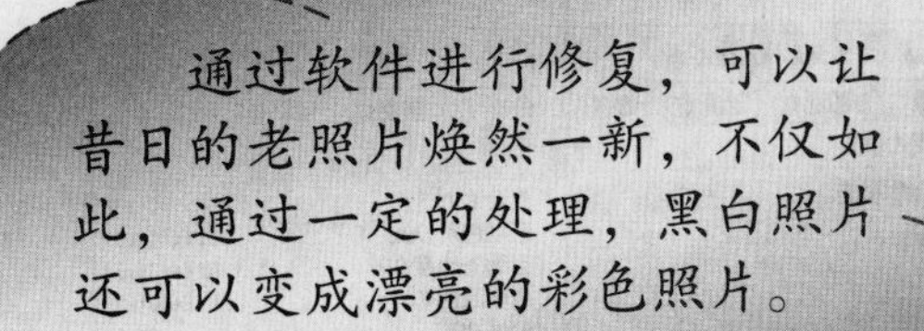

6.1 轻松去除老照片网纹

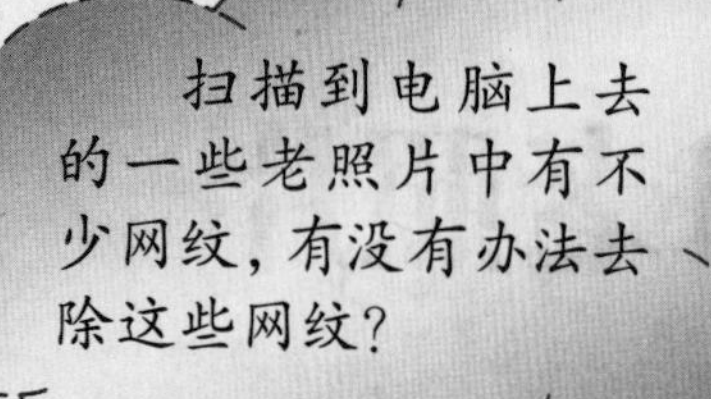

使用 Photoshop，可以轻松地去除老照片中的网纹。

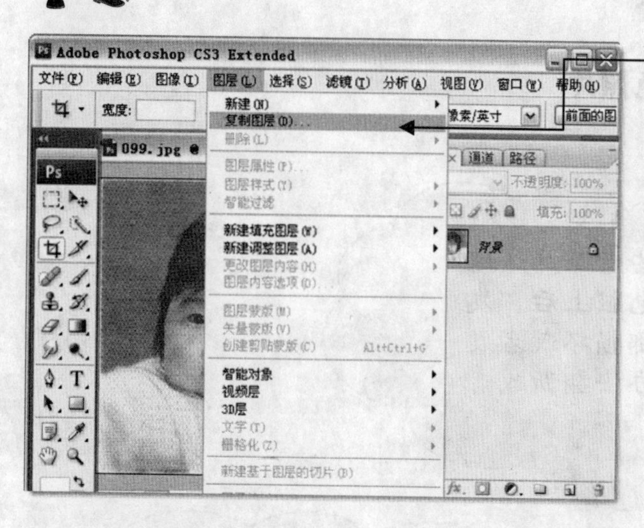

1 在 Photoshop CS3 中打开要处理的照片，单击"图层"菜单项，选择"复制图层"命令，如图 6-1 所示。

图 6-1

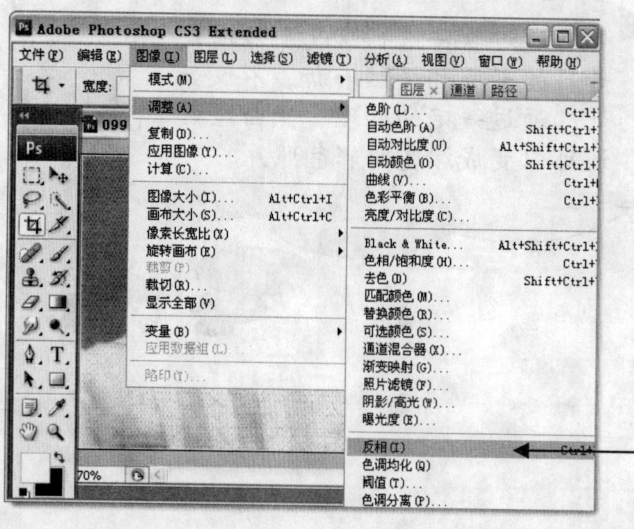

2 单击"图像"菜单项，选择"调整"→"反相"命令，如图 6-2 所示。

图 6-2

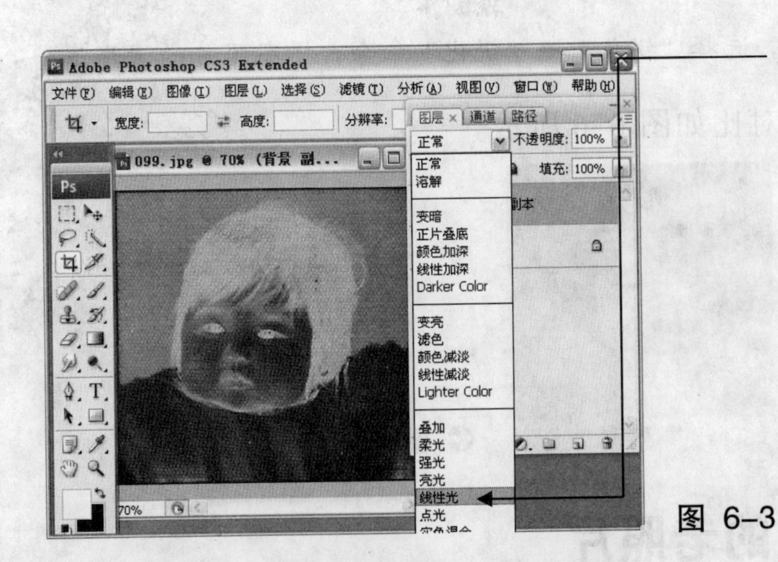

3 在“图层”窗格中，将图层混合模式更改成“线性光”，如图 6-3 所示。

图 6-3

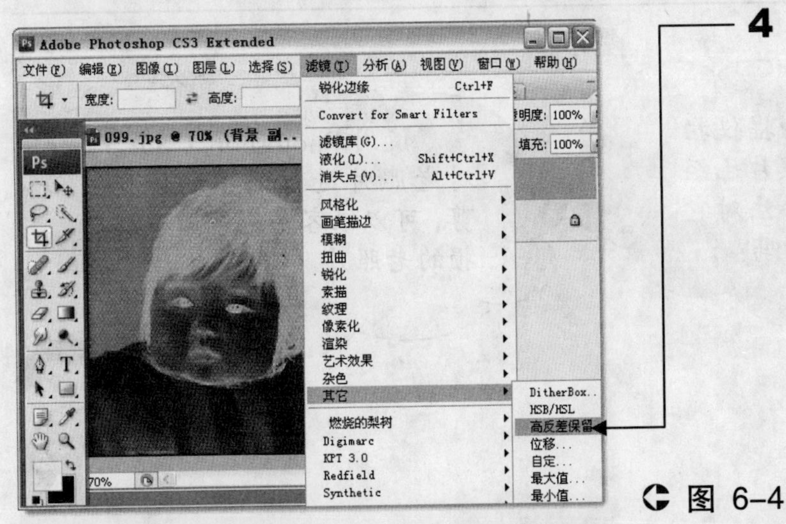

4 单击“滤镜”菜单项，选择“其它”→“高反差保留”命令，如图 6-4 所示。

图 6-4

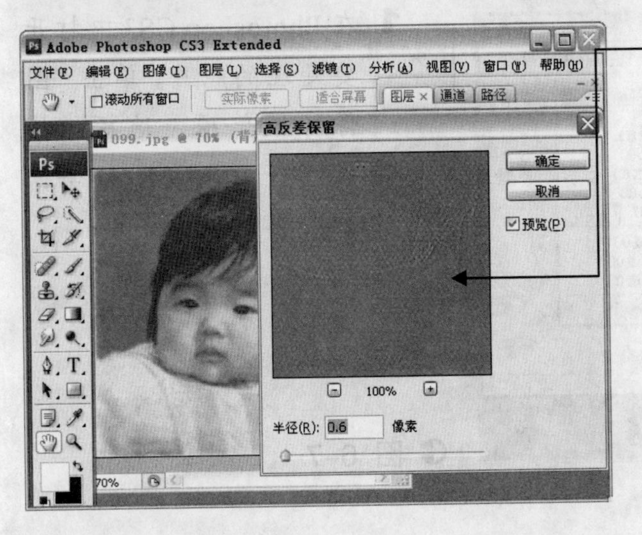

5 在弹出的“高反差保留”对话框中，对半径参数值进行设置，如图 6-5 所示，完成后单击“确定”按钮。

图 6-5

6 单击“滤镜”菜单项，选择“锐化”→“锐化”命令，提高照片的清晰度。

处理前后的照片对比如图 6-6 所示。

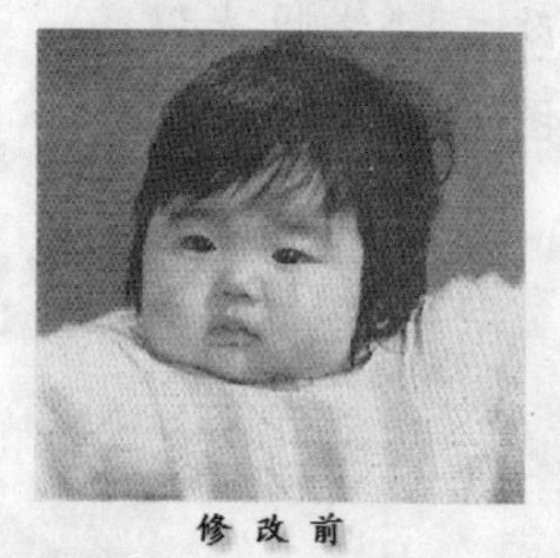
修 改 前

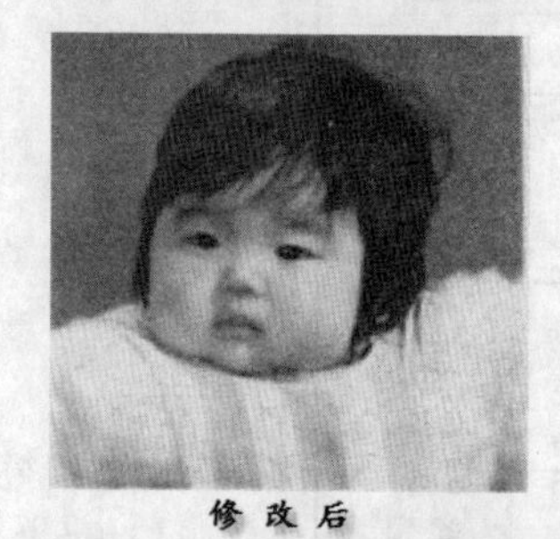
修 改 后

图 6-6

6.2 翻新昔日的老照片

刚刚用扫描仪扫描进来的旧照片已经破损了，有办法对它进行修复翻新吗?

使用 Photoshop CS3 对老照片进行简单的修剪，可以很容易地翻新破损的老照片。

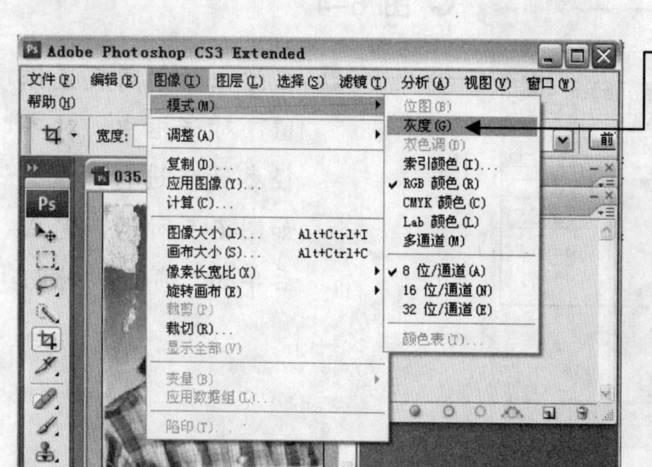

1 在 Photoshop CS3 中打开要处理的照片，单击“图像”菜单项，选择“模式”→“灰度”命令，如图 6-7 所示。

图 6-7

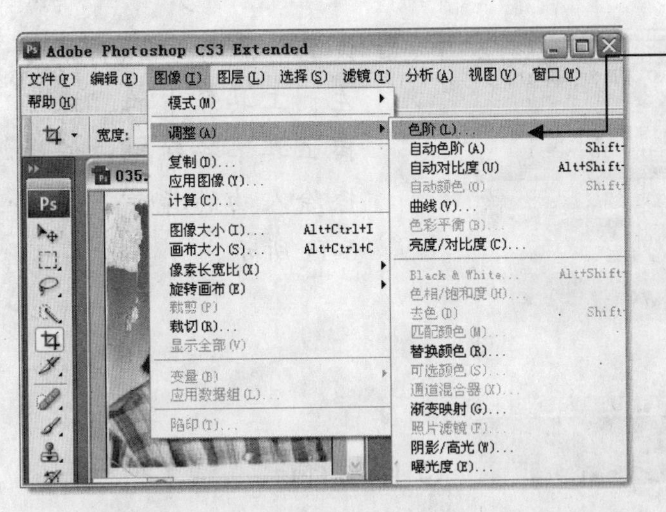

2 单击“图像”菜单项，选择“调整”→“色阶”命令，如图 6-8 所示。

图 6-8

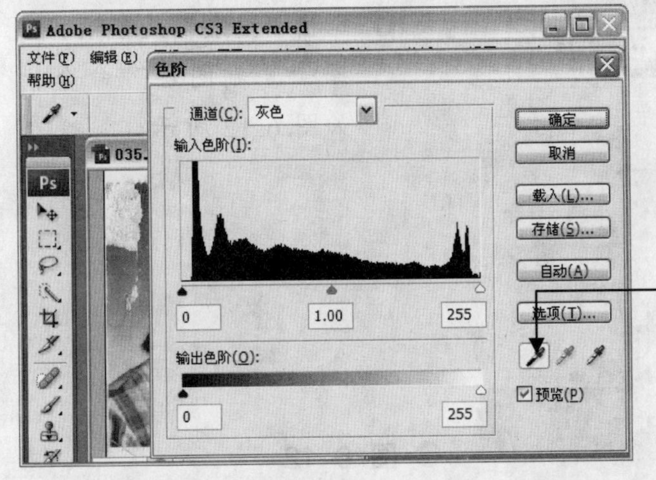

3 在弹出的“色阶”对话框中，单击“在图像中取样以设置黑场工具”按钮，吸取图像中较暗部位，如图 6-9 所示。

图 6-9

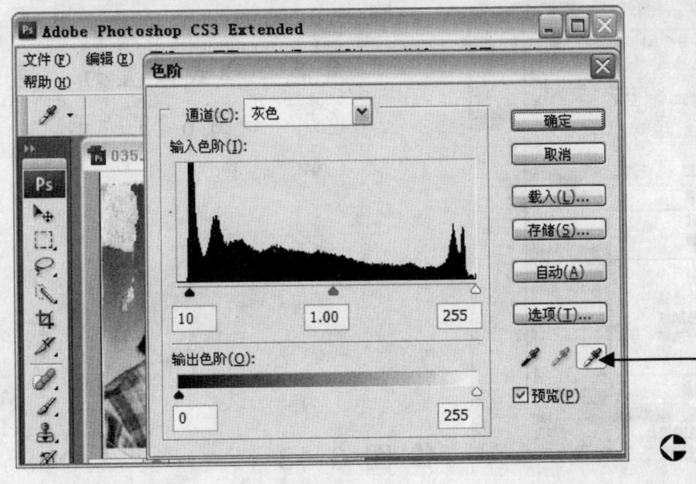

4 单击“在图像中取样以设置白场工具”按钮，吸取图像中脸部侧面的明亮部位，如图 6-10 所示，单击“确定”按钮。

图 6-10

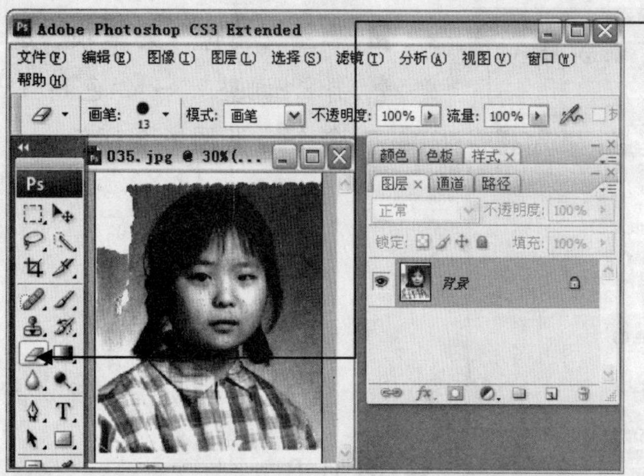

5 设置前景色为白色，单击左侧工具箱中的“橡皮擦工具”按钮，仔细擦除人物的背景，如图6-11所示。

图 6-11

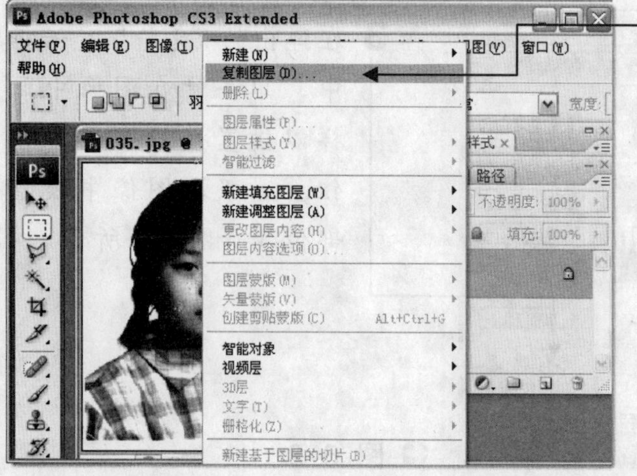

6 单击“图层”菜单项，选择“复制图层”命令，如图6-12所示。

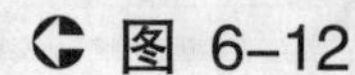

图 6-12

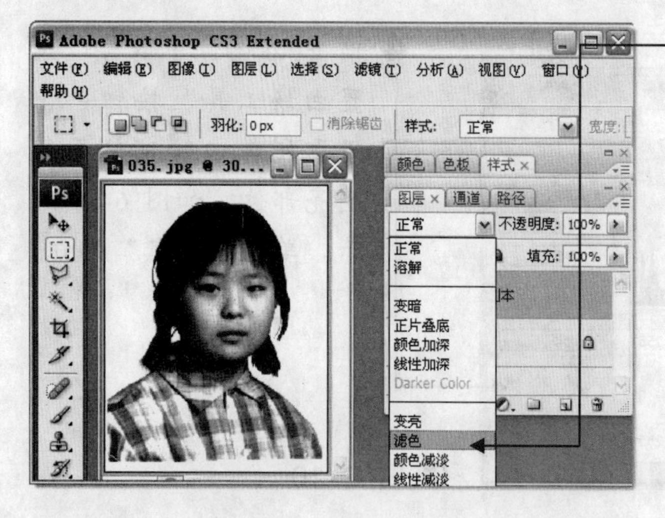

7 在“图层”窗格中，将图层混合模式设置为“滤色”，如图6-13所示。

图 6-13

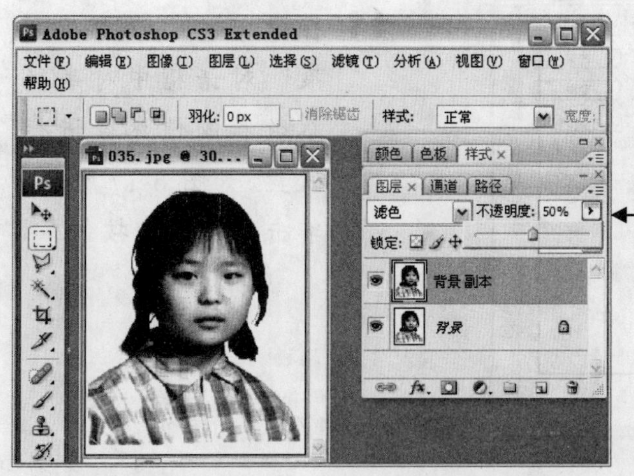

8 设置不透明度为“50%”，如图 6-14 所示。

图 6-14

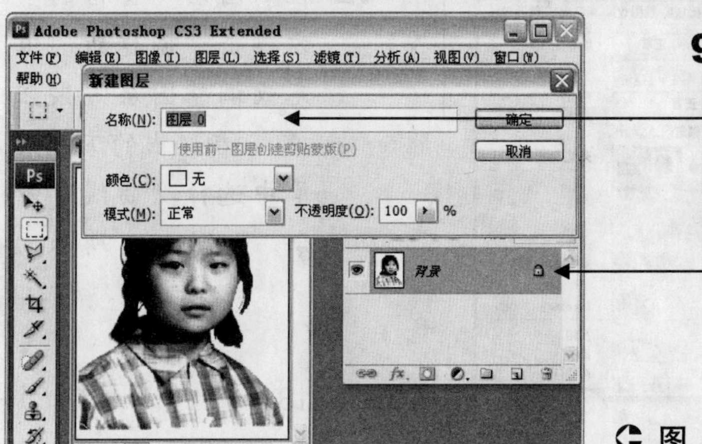

9 按下【Ctrl+E】组合键合并图层，双击“背景”图层的锁定图标，弹出“新建图层”对话框，将名称更改为“图层 0”，如图 6-15 所示，单击“确定”按钮。

图 6-15

小提示：如果不将“背景”图层的名称更改为“图层 0”，可能会无法正常使用 Photoshop CS3 的滤镜功能。

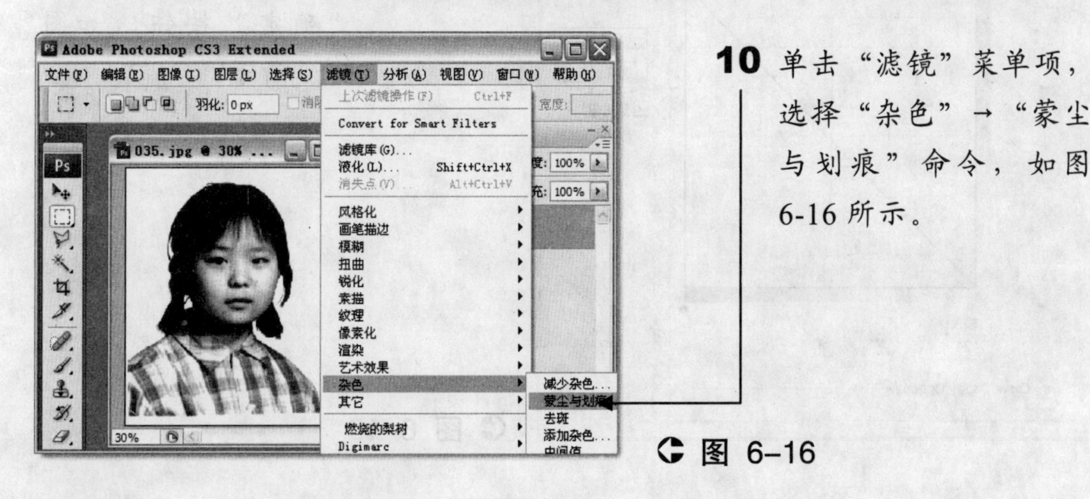

10 单击“滤镜”菜单项，选择“杂色”→“蒙尘与划痕”命令，如图 6-16 所示。

图 6-16

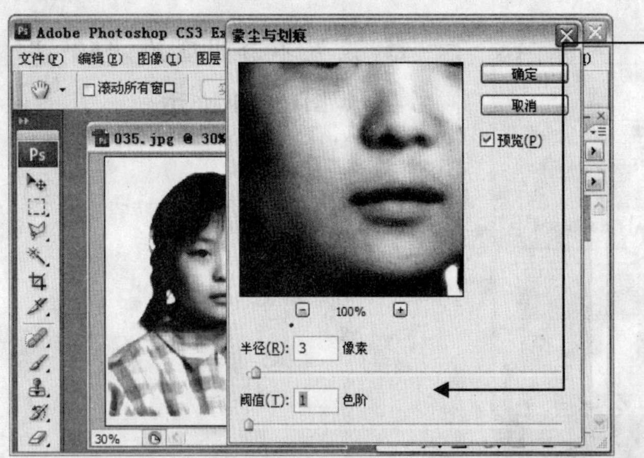

11 在弹出的“蒙尘与划痕”对话框中对半径参数和阈值参数进行设置，如图 6-17 所示，单击“确定”按钮。

图 6-17

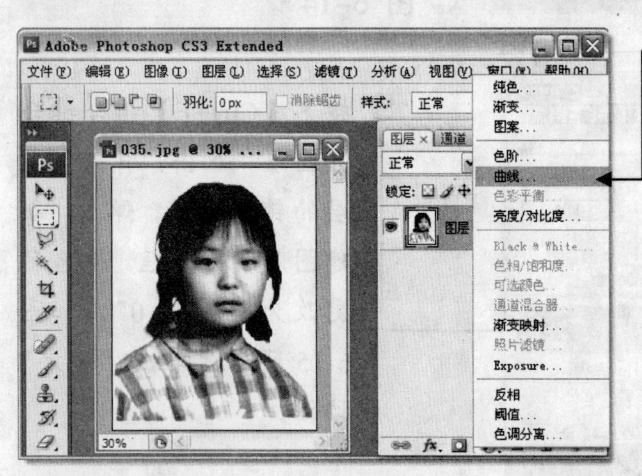

12 在“图层”窗格的下方单击“创建新的填充或调整图层”按钮 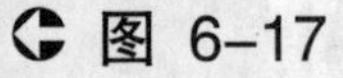，在弹出的下拉菜单中选择“曲线”命令，如图 6-18 所示。

图 6-18

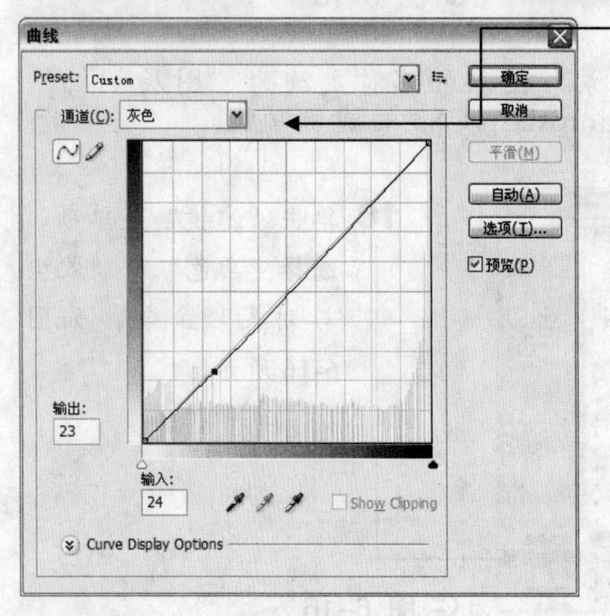

13 在弹出的“曲线”对话框中，调整通道参数，直至合适，然后单击“确定”按钮，如图 6-19 所示。

图 6-19

翻新前后的照片对比如图 6-20 所示。

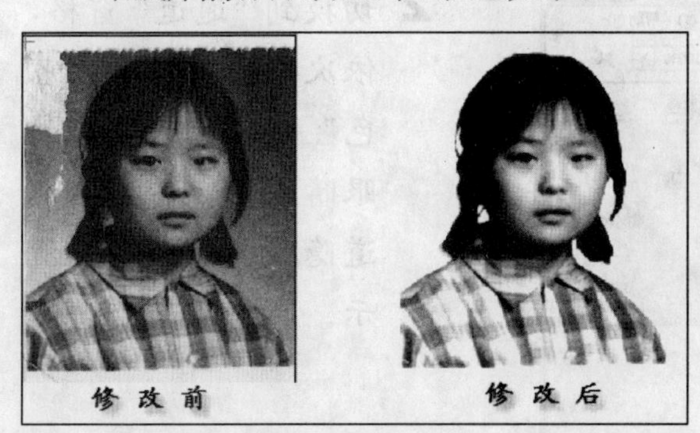

图 6-20

6.3　让黑白照片变为彩色照片

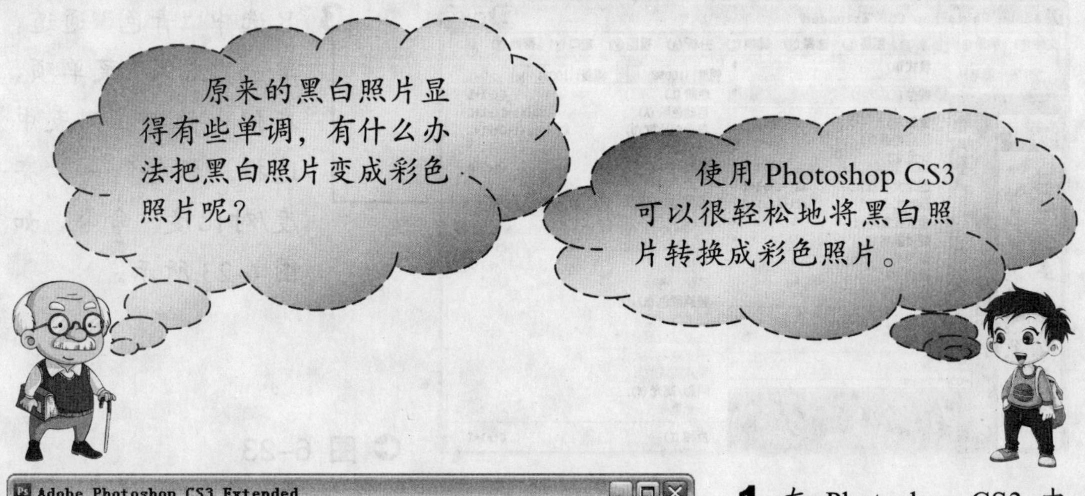

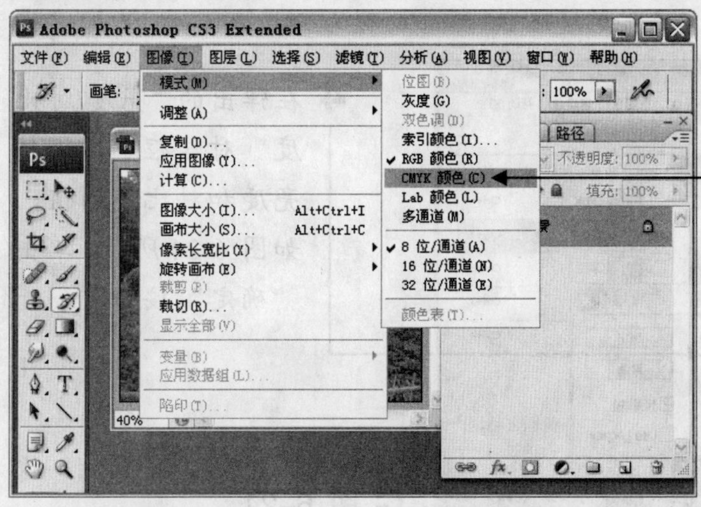

1　在 Photoshop CS3 中打开照片，单击“图像”菜单项，选择“模式”→“CMYK 颜色”命令，如图 6-21 所示。

图 6-21

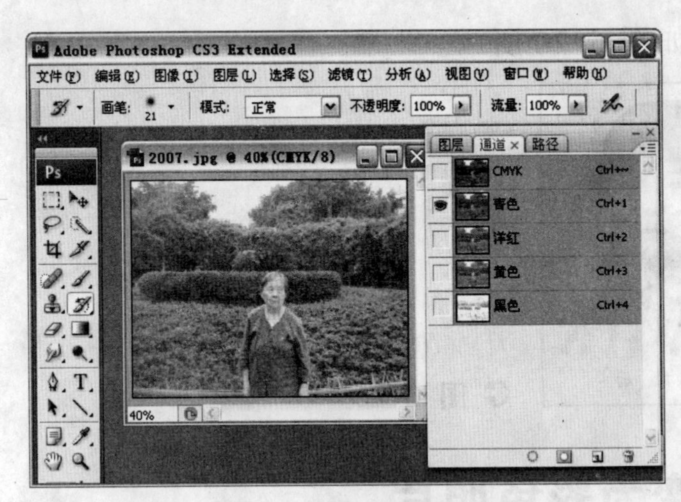

2 切换到“通道”窗格，依次单击“洋红”、“黄色”和“黑色”前的眼睛图标，将这些通道隐藏，如图 6-22 所示。

图 6–22

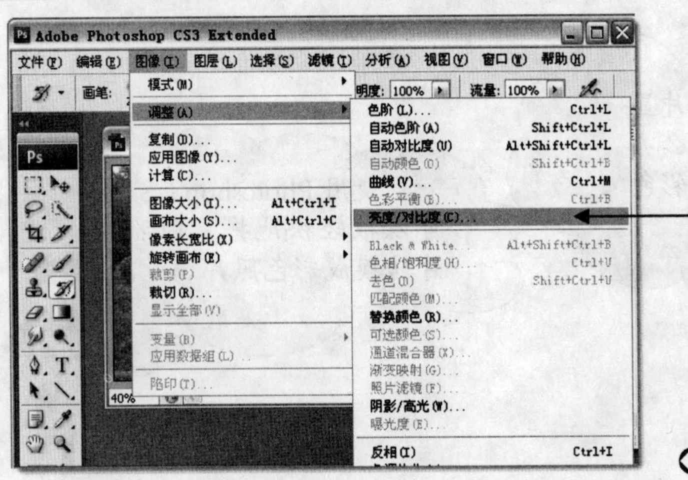

3 只选中“青色”通道，单击“图像”菜单项，在弹出的下拉列表中选择“调整”→“亮度/对比度”命令，如图 6-23 所示。

图 6–23

4 在弹出的“亮度/对比度”对话框中，调整亮度和对比度的值，如图 6-24 所示，单击“确定”按钮。

图 6–24

5 在“通道”窗格中，单击“CMYK”前的方框，打开通道，如图 6-25 所示。

图 6-25

6 单击“窗口”菜单项，选择“历史记录”命令，打开“历史记录”窗格，如图 6-26 所示。

图 6-26

7 单击“历史记录”窗格下方的“创建新快照”按钮，新建“快照 1”，如图 6-27 所示。

图 6-27

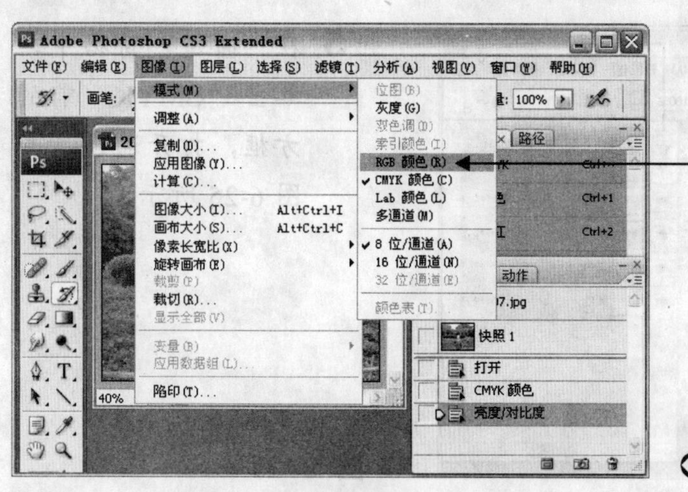

8 单击“图像”菜单项，选择“模式”→“RGB颜色”命令，如图6-28所示。

图 6-28

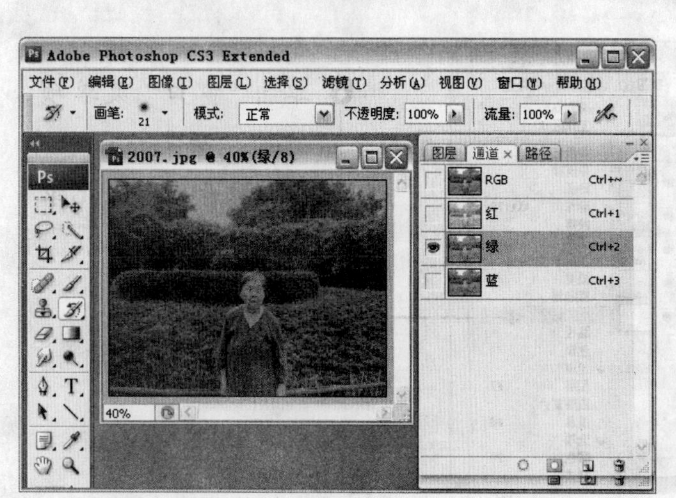

9 在“通道”窗格中，依次单击“红”和“蓝”前的眼睛图标，将这两个通道隐藏，如图6-29所示，选定“绿”通道。

图 6-29

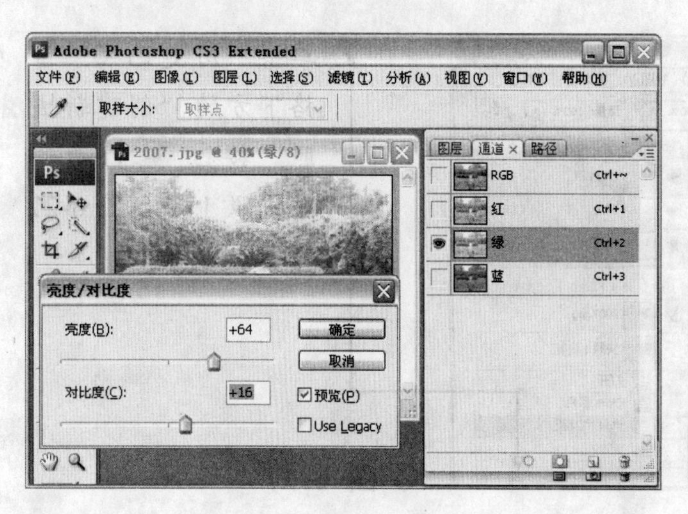

10 单击“图像”菜单项，选择“调整”→“亮度/对比度”命令，设置亮度和对比度的值，如图6-30所示，单击“确定”按钮。

图 6-30

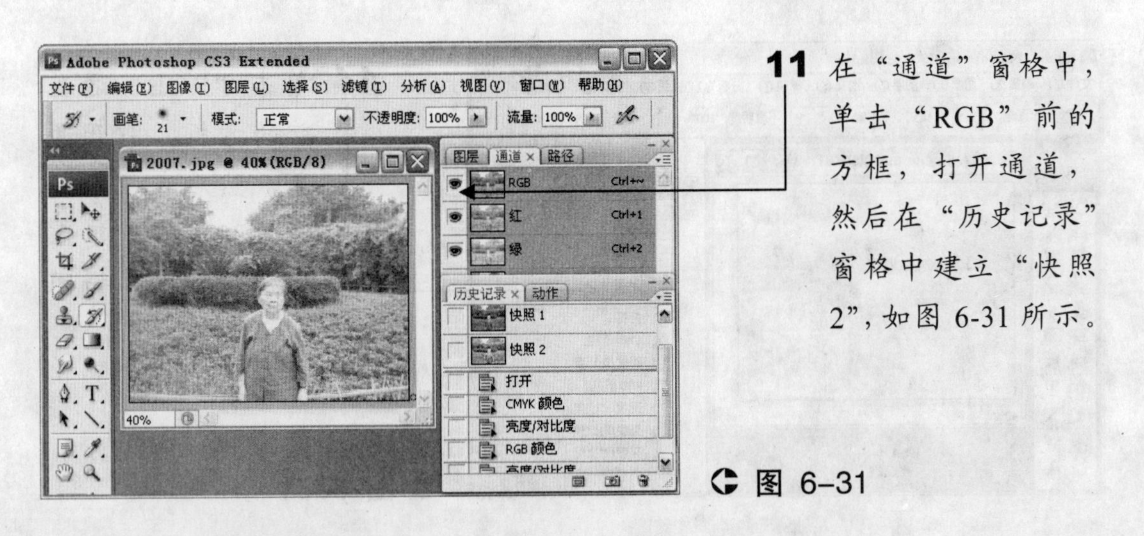

11 在“通道”窗格中，单击“RGB”前的方框，打开通道，然后在“历史记录”窗格中建立“快照2”，如图 6-31 所示。

图 6-31

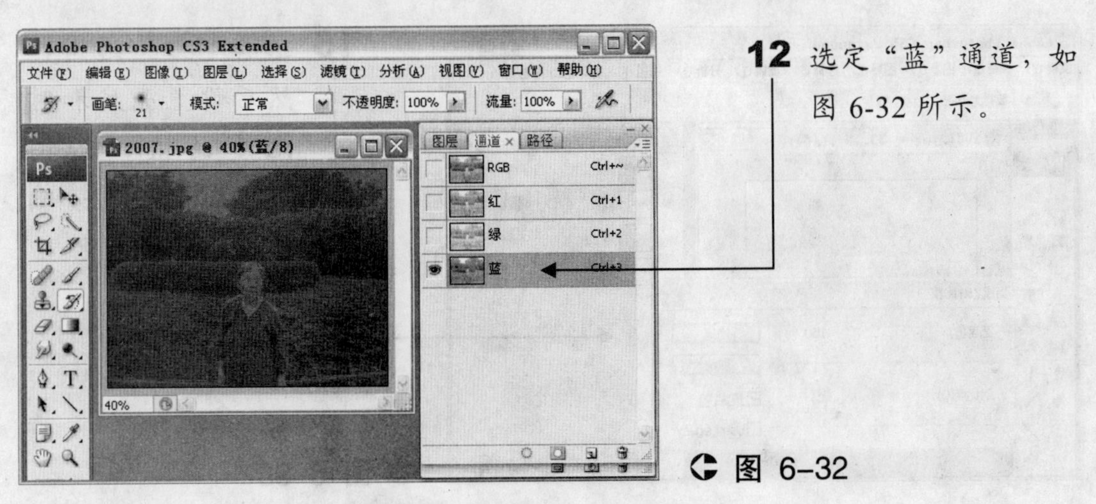

12 选定“蓝”通道，如图 6-32 所示。

图 6-32

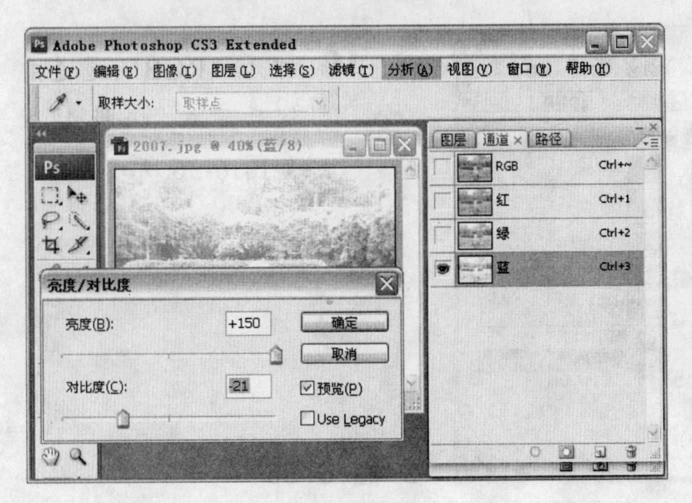

13 选择“图像”→“调整”→“亮度/对比度”命令，在“亮度/对比度”对话框中，设置亮度和对比度的值，如图 6-33 所示，单击“确定”按钮。

图 6-33

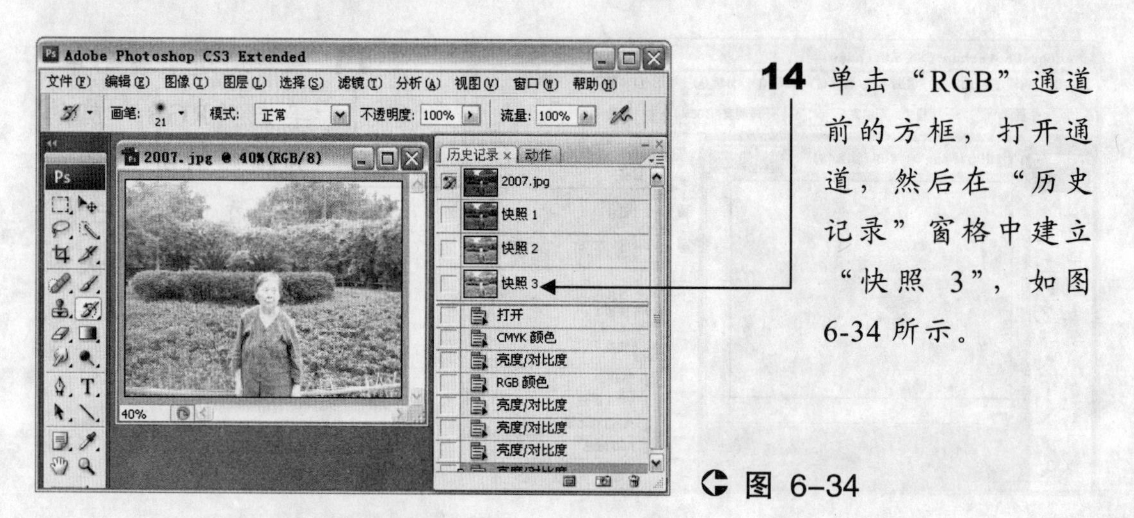

14 单击“RGB”通道前的方框，打开通道，然后在“历史记录”窗格中建立“快照 3”，如图 6-34 所示。

图 6-34

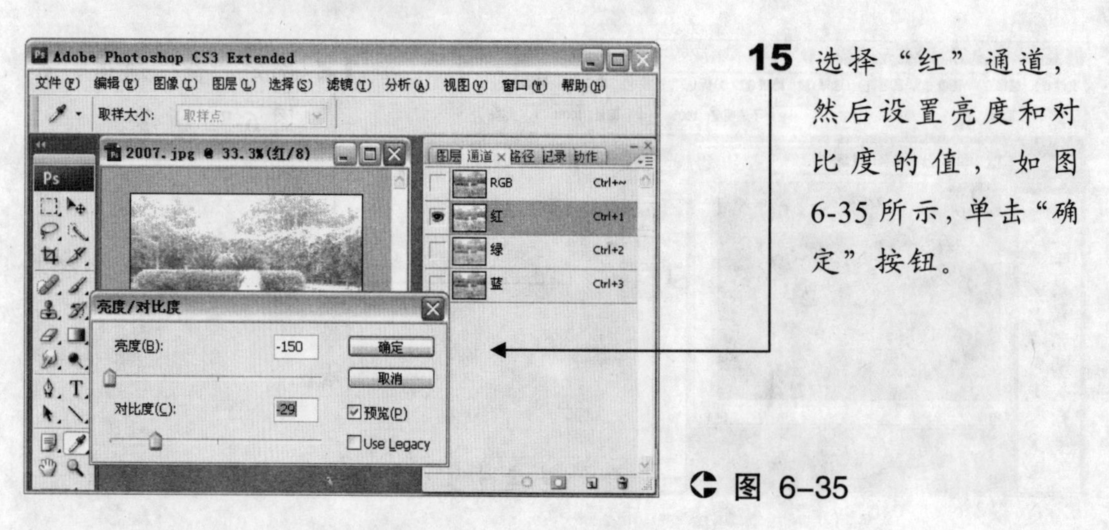

15 选择“红”通道，然后设置亮度和对比度的值，如图 6-35 所示，单击“确定”按钮。

图 6-35

16 打开“RGB”通道，然后建立“快照 4”，如图 6-36 所示。

图 6-36

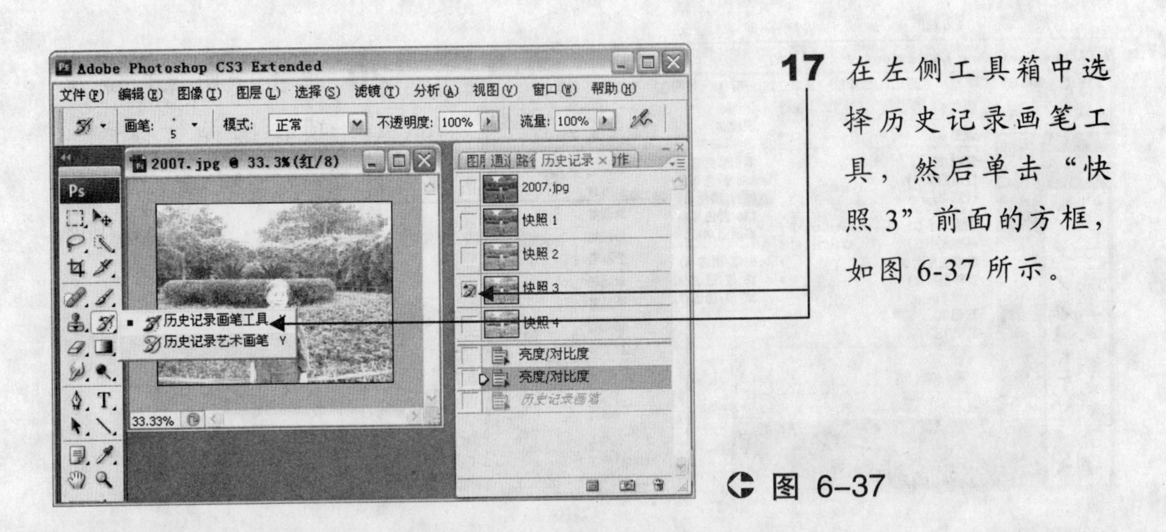

17 在左侧工具箱中选择历史记录画笔工具，然后单击“快照 3”前面的方框，如图 6-37 所示。

图 6-37

18 用历史记录画笔工具细心涂抹照片人物衣服所在位置，并单击“快照 2”前的方框，如图 6-38 所示。

图 6-38

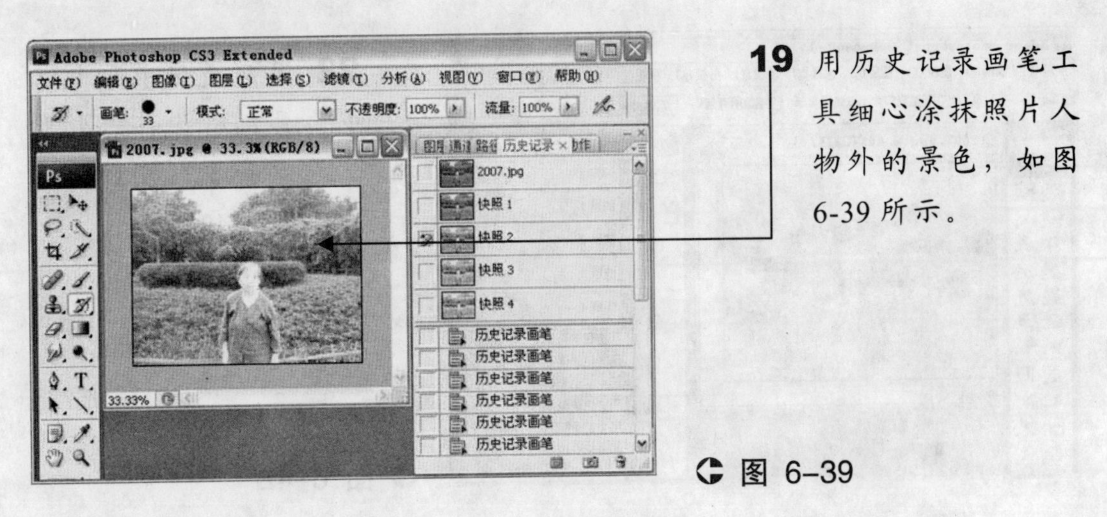

19 用历史记录画笔工具细心涂抹照片人物外的景色，如图 6-39 所示。

图 6-39

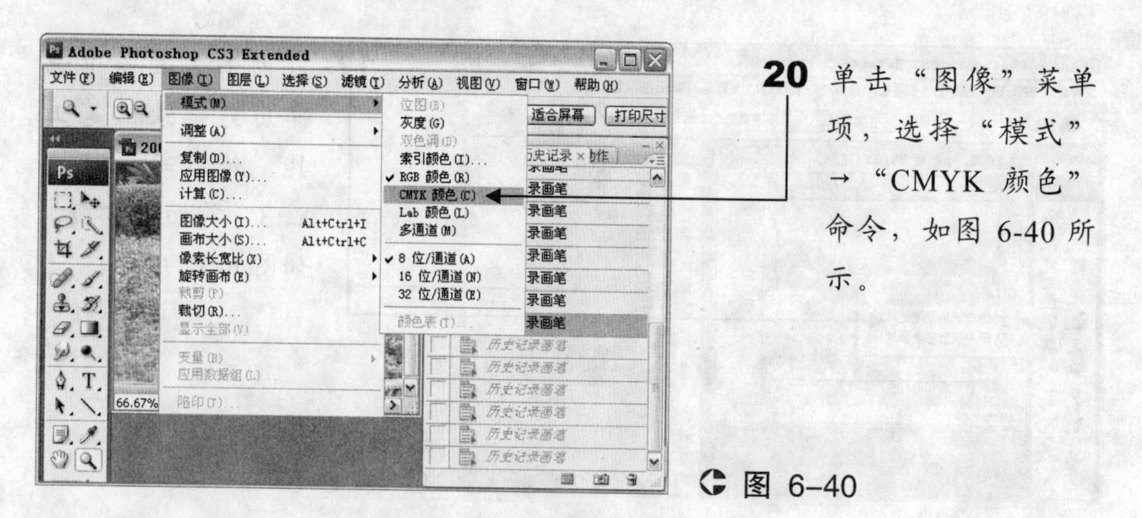

20 单击“图像”菜单项，选择“模式”→“CMYK 颜色”命令，如图 6-40 所示。

图 6-40

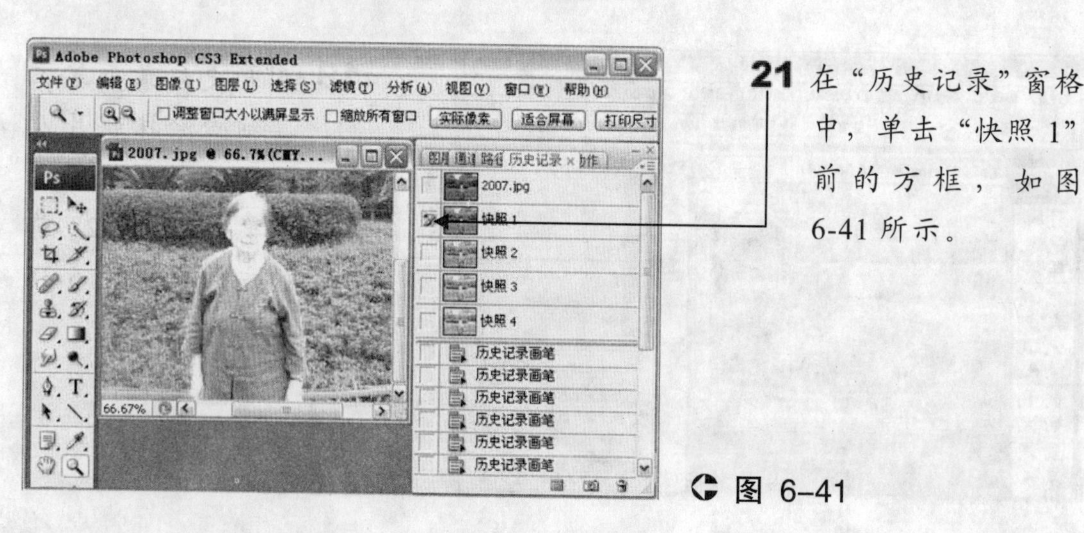

21 在“历史记录”窗格中，单击“快照 1”前的方框，如图 6-41 所示。

图 6-41

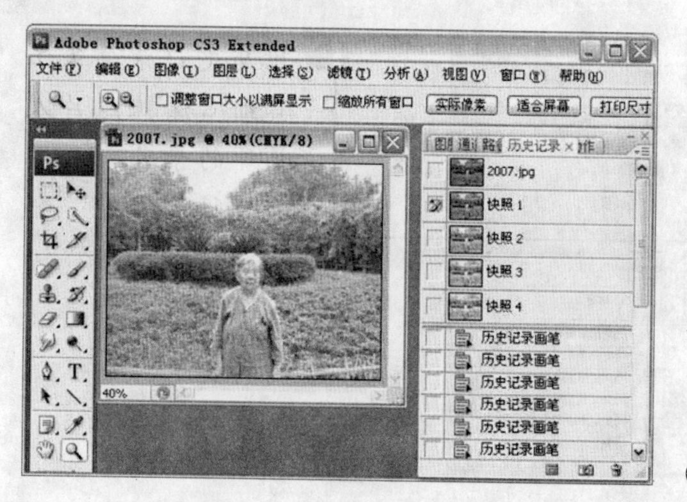

22 用历史记录画笔工具细心涂抹人物脸部和手部皮肤，如图 6-42 所示。

图 6-42

经过细心的修饰，一张黑白变彩色的照片就呈现在眼前了，如图 6-43 所示。

图 6-43

6.4 疑难解答

：CMYK 颜色模式包含哪几种颜色通道？

：CMYK 颜色模式包含了 CMYK（混合通道）、C（青色通道）、M（洋红色通道）、Y（黄色通道）和 K（黑色通道）五个通道。

：什么是颜色通道？

：所谓颜色通道，就是将构成整体图像的颜色信息整理并表现为单色图像的工具。根据图像颜色模式的不同，颜色通道的种类也各异。例如，RGB 颜色模式就是利用红、绿、蓝 3 种基本色调来表现繁多的颜色的，将基本色以各种浓度混合，可以表现多姿多彩的彩色图像。

：Photoshop CS3 中的快照有什么作用？

：快照可以作为历史画笔的源来修饰图像。比如对整个图像

执行了高斯模糊，但现在只要模糊的背景，这时就可以使用历史画笔工具，在“历史记录”窗格中选中原始的图像，然后在最后的图像上涂抹，就可以恢复出主体的本来面貌了。根据不同的图像状态建立快照，可以作为一种备份，也可以作为图像修饰的源。

第 7 章 数码照片的输出

本章热点：

- ★ 用电视机浏览数码照片
- ★ 制作全家福日历
- ★ 制作电子相册

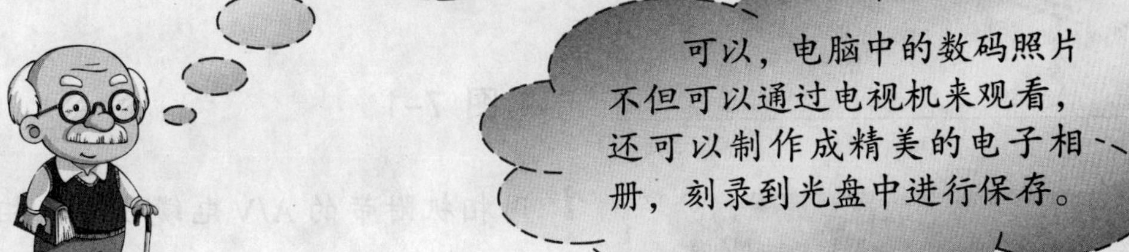

7.1 用电视机浏览数码照片

数码相机自身提供有视频输出接口，是不是可以把它接到电视机上，直接观看其中的照片呢？

用户将数码相机与电视机用 A/V 线相连，按下数码相机的快门，拍摄的图像马上就会传输到电视机的屏幕上。

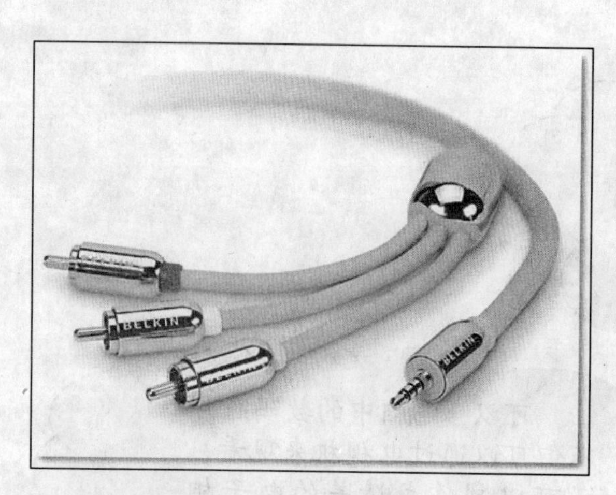

市场上大多数数码相机都提供了 Audio/Video（简称 A/V）输出功能，使用 A/V 电缆线可以直接将数码相机内的照片输出到大屏幕电视机上，A/V 电缆线的外观如图 7-1 所示。

图 7-1

1 用相机附带的 A/V 电缆线连接相机与电视机，其中一头插进数码相机的视频信号接口，如图 7-2 所示。

图 7-2

2 另一头的 AV 复合视频有 3 个接头，分别用红、白、黄 3 种颜色标记，在电视机背后找到相关接口并按照对应的颜色插进去，如图 7-3 所示。

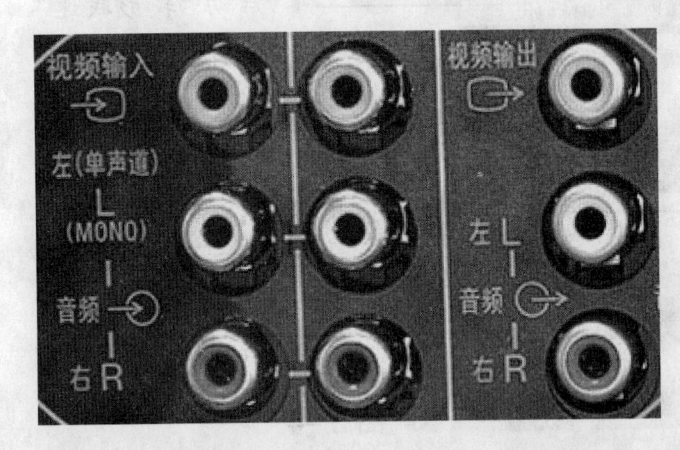

图 7-3

3 打开电视机，使用遥控器切换视频到 A/V 模式。

4 将数码相机的模式开关置为“播放”位置并开启电源，数码相机内的照片图像就能够出现在电视机屏幕上。

7.2 制作全家福日历

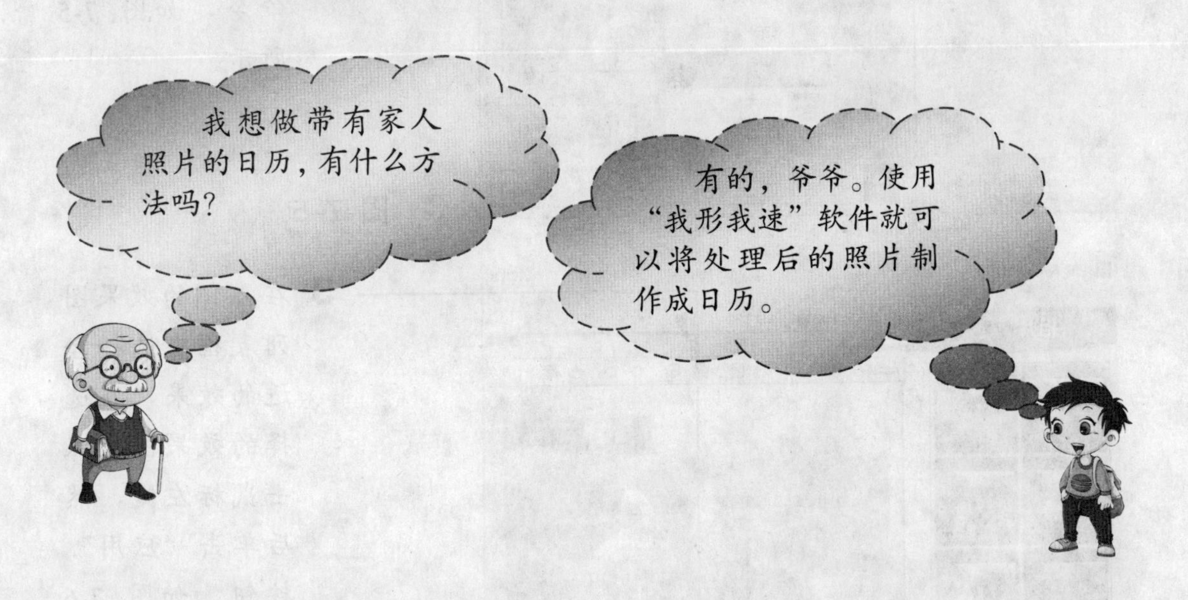

照片日历的制作方法如下。

1 启动"我形我速"软件，通过文件浏览找到存放数码照片的文件夹，选中一张照片，双击鼠标左键，如图 7-4 所示。

图 7-4

2 单击"编辑"菜单项，在弹出的菜单中选择"调整"→"照明"命令，如图 7-5 所示。

图 7-5

3 在左侧的效果图列表框中选择合适的效果，在选择的效果图上双击鼠标左键，然后单击"应用"按钮，如图 7-6 所示。

图 7-6

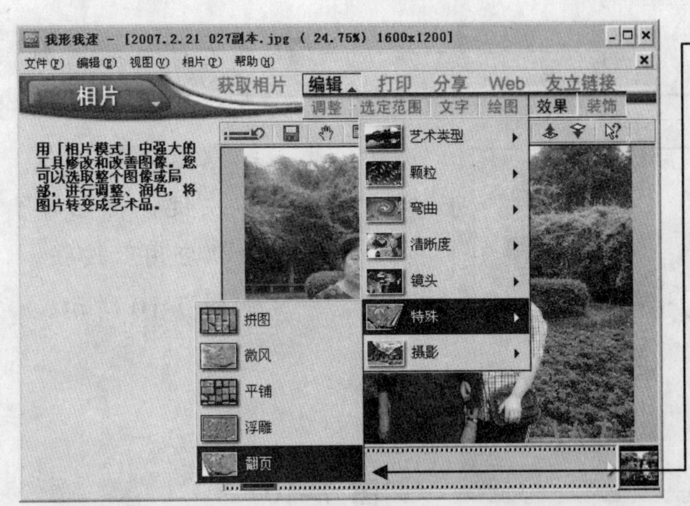

4 单击“编辑”菜单项，选择“效果”→“特殊”→“翻页”命令，如图 7-7 所示。

图 7-7

5 在左侧效果图列表框中选择合适的效果，双击鼠标左键，然后单击“应用”按钮，如图 7-8 所示。

图 7-8

6 单击“编辑”菜单项，选择“装饰”→“边缘”→“二维/遮罩”命令，如图 7-9 所示。

图 7-9

7 在左侧效果图列表框中选择合适的效果，双击鼠标左键，然后单击“应用”按钮，如图 7-10 所示。

图 7-10

8 单击“分享”菜单项，选择“日历”命令，如图 7-11 所示。

图 7-11

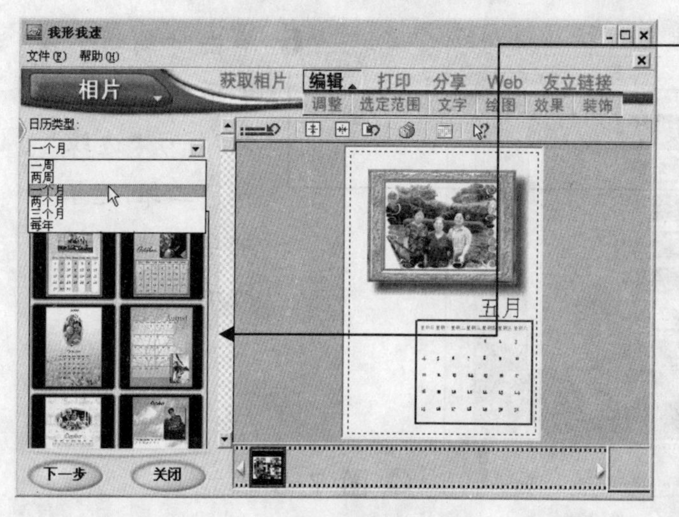

9 在左侧的“日历类型”下拉列表中选择“一个月”选项，如图 7-12 所示。

图 7-12

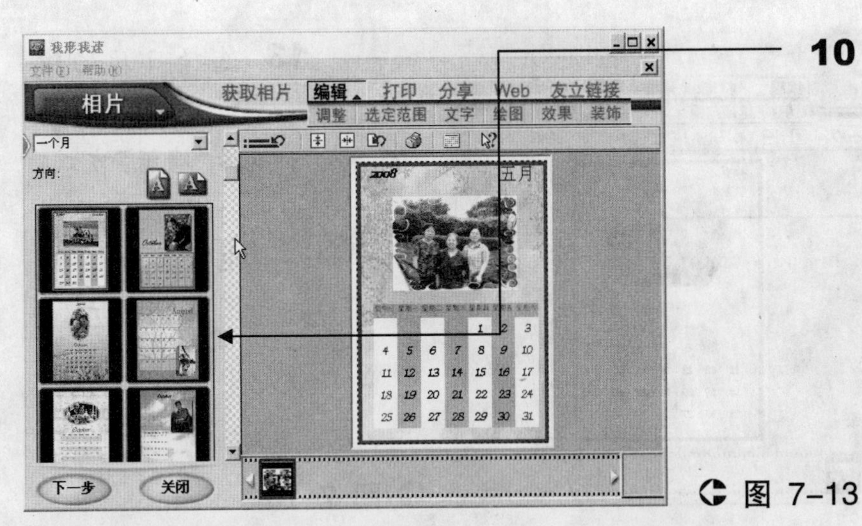

图 7-13

10 在下面的日历样式中选择合适的布局样式，然后单击“下一步”按钮，如图 7-13 所示。

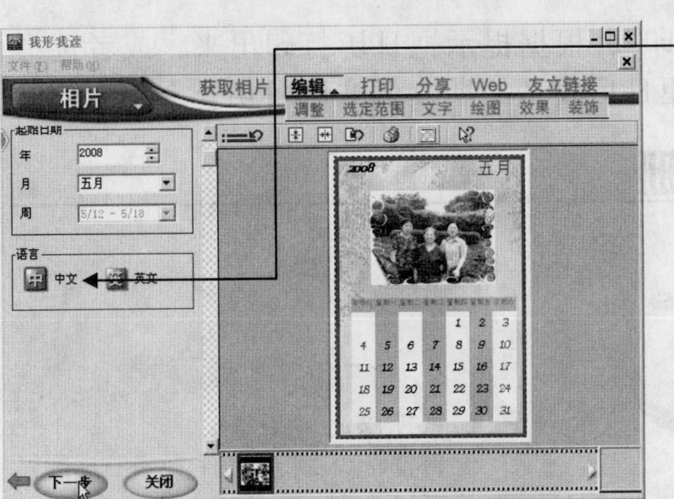

图 7-14

11 在“起始日期”栏中设置要制作日历的时间，在“语言”栏中选择“中文”选项，然后单击“下一步”按钮，如图 7-14 所示。

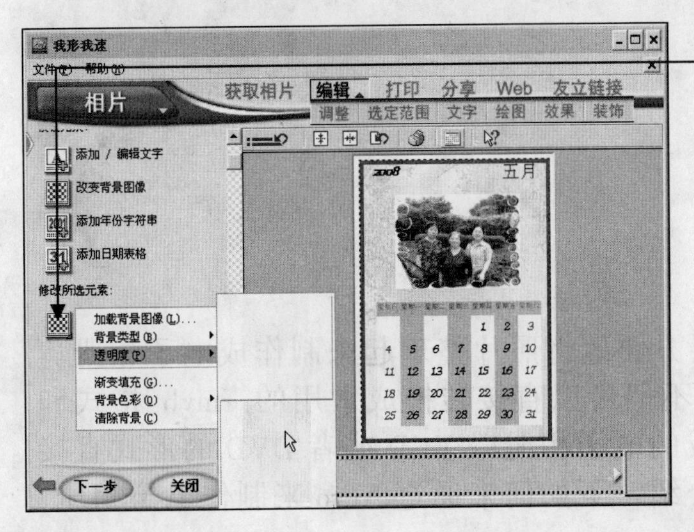

图 7-15

12 单击如图 7-15 中所示的按钮，在“透明度”子菜单中选择合适的透明度，然后单击“下一步”按钮。

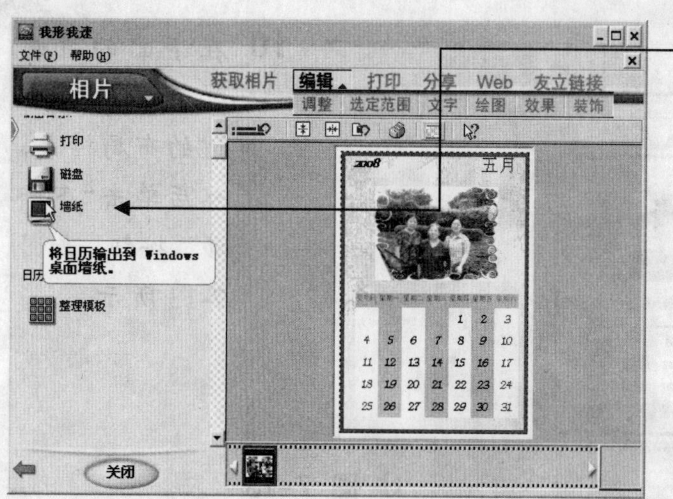

13 选择日历的输出方式，这里选择“墙纸”方式，将日历摆放在电脑桌面上，如图 7-16 所示。

图 7-16

用户也可以选择“打印”，根据提示把日历打印出来，或者选择“磁盘”，保存日历，方便日后发送给朋友们共享日历。

7.3 制作电子相册

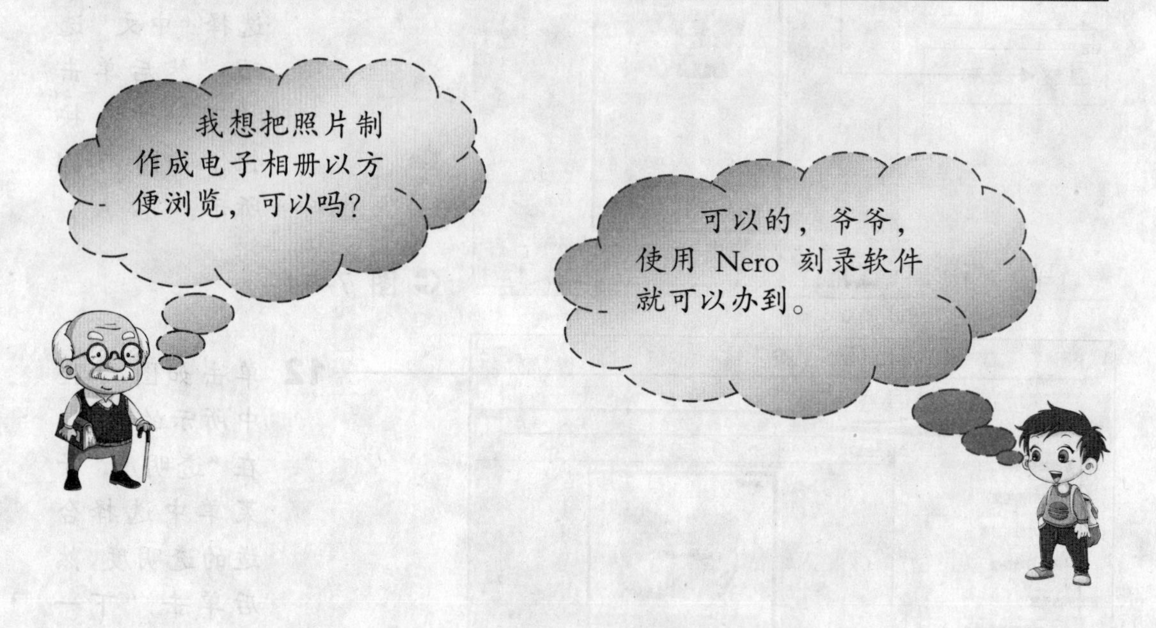

Nero 刻录软件可以很方便地将照片整理起来制作成电子相册。它的输出方式也很丰富，不但可以直接转换成常用的 rmvb 格式和 AVI 格式，还能将制作完成的电子相册以 VCD 或者 DVD 的形式直接刻录到光盘中。下面就来介绍一下如何来通过 Nero 来制作电子相册。

7.3.1　打开电子相册制作软件

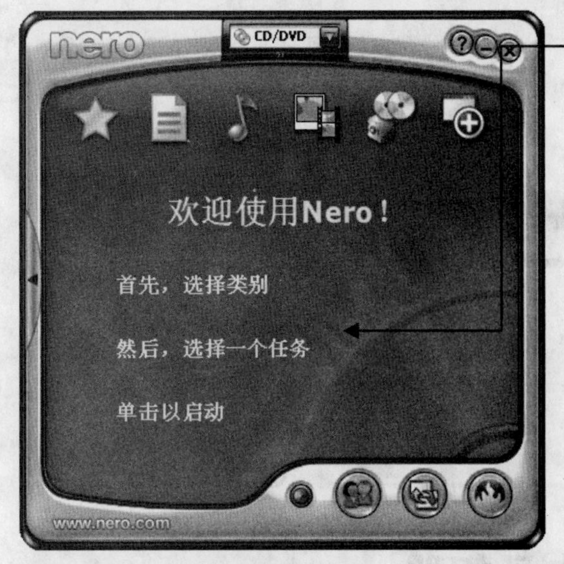

1 安装并启动 Nero 软件，弹出“欢迎使用 Nero”界面，如图 7-17 所示。

图 7-17

2 单击“照片和视频”按钮，在下面选择“制作照片幻灯片”命令，如图 7-18 所示。

图 7-18

弹出“制作照片幻灯片”窗口，就可以开始编辑制作电子相册了，如图 7-19 所示。

图 7-19

7.3.2 将数码照片导入电子相册

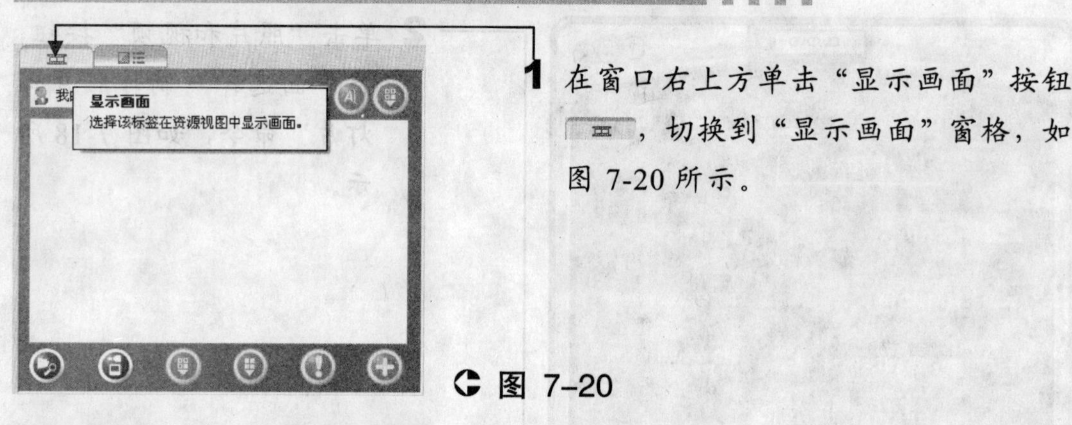

1 在窗口右上方单击“显示画面”按钮，切换到“显示画面”窗格，如图 7-20 所示。

图 7-20

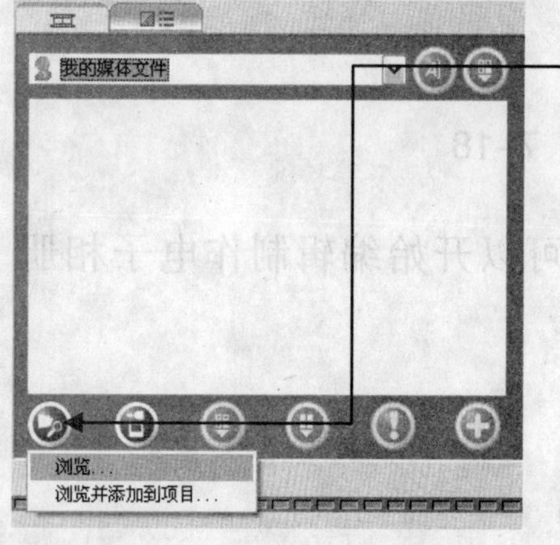

2 单击窗格下方的“”按钮，选择“浏览”命令，如图 7-21 所示。

图 7-21

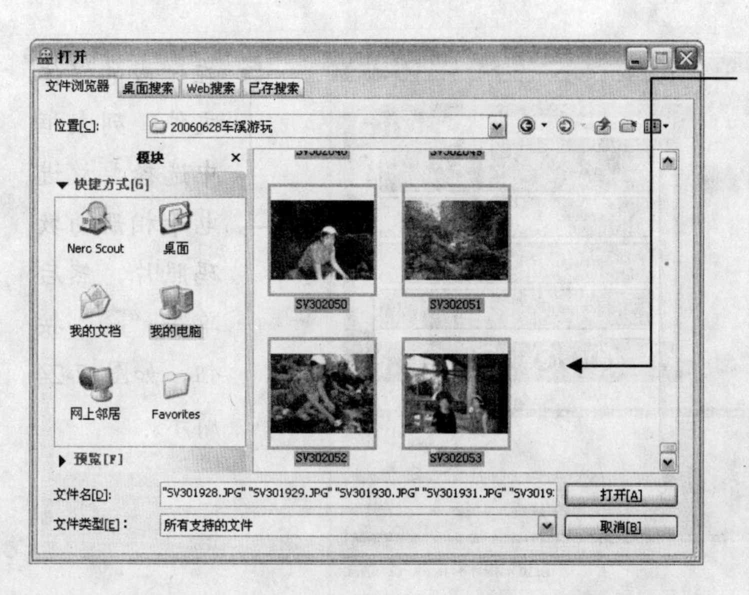

图 7-22

3 在弹出的“打开”对话框中，选择需要添加到电子相册中的数码照片，然后单击“打开”按钮，如图 7-22 所示。

图 7-23

4 完成以上操作后，Nero 软件会自动将选定的数码照片导入到“我的媒体文件”列表框中，如果想取消导入操作，单击“中止”按钮即可，如图 7-23 所示。

5 在“我的媒体文件”列表框中选择要放进电子相册的数码照片，然后单击“⊕”按钮，如图 7-24 所示。

图 7-24

6 在“显示画面的轨道编辑”窗格中可以看见需要编辑的电子相册照片文件，如图 7-25 所示。

图 7-25

7.3.3　添加背景音乐和转场特效

1 单击“显示音频”按钮，打开“显示音频的轨道编辑”窗格，将“我的媒体文件”列表框中合适的音乐添加进来，如图 7-26 所示。

图 7-26

2 单击右上方的“显示转场”按钮，切换到“显示转场”窗格，如图 7-27 所示。

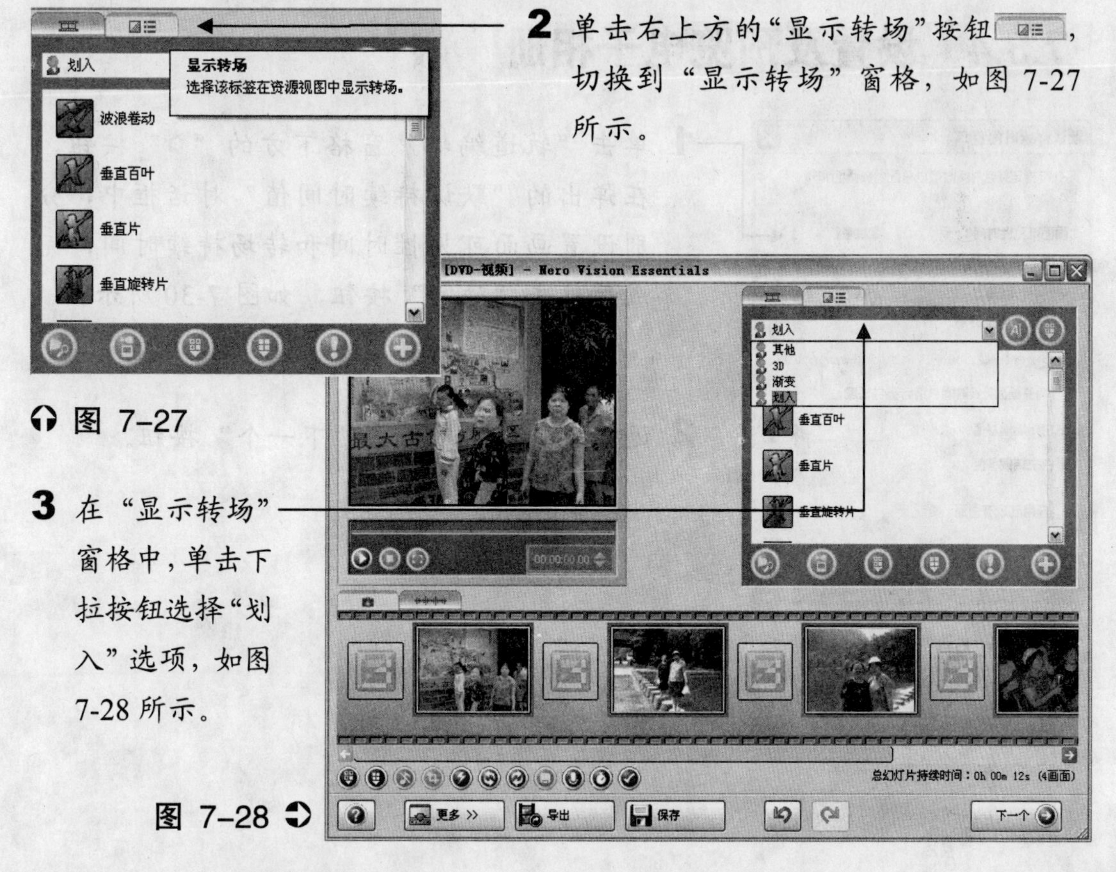

图 7-27

3 在“显示转场”窗格中，单击下拉按钮选择“划入”选项，如图 7-28 所示。

图 7-28

4 在下边的列表框中选择照片与照片间转场的样式，然后单击“下一个”按钮，如图 7-29 所示。

图 7–29

7.3.4 设置及预览电子相册

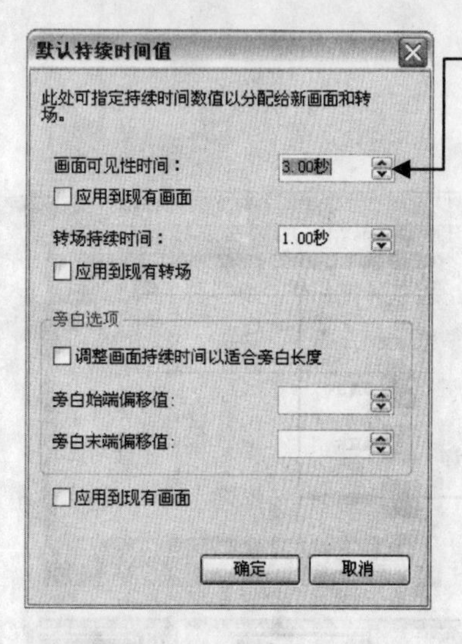

图 7–30

1 单击“轨道编辑”窗格下方的“◎”按钮，在弹出的“默认持续时间值”对话框中，分别设置画面可见性时间和转场持续时间，完成后单击“确定”按钮，如图 7-30 所示。

2 返回窗口，然后单击“下一个”按钮。

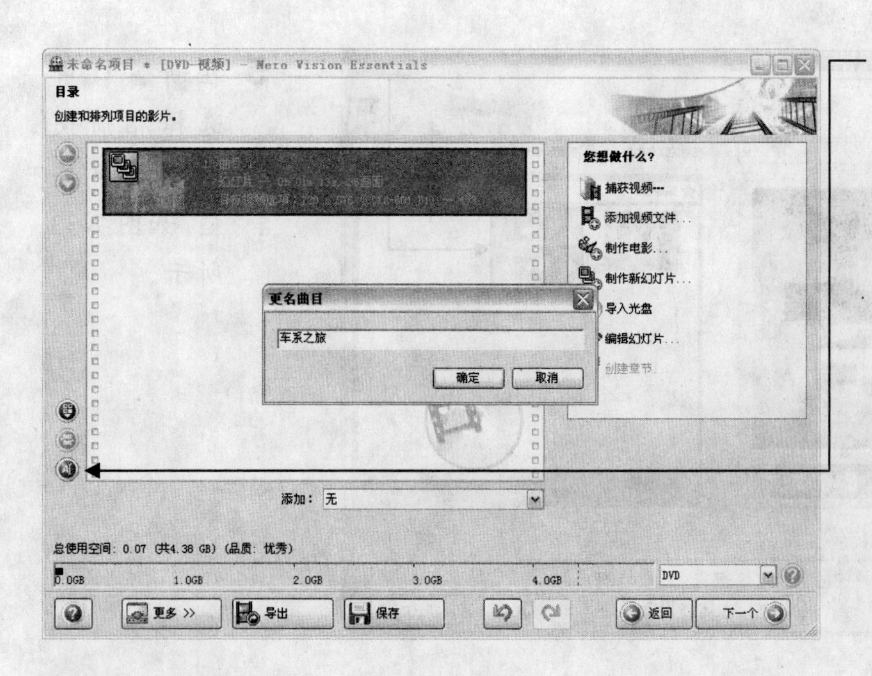

图 7-31

3 单击窗口左下方"◎"按钮，在弹出的"更名曲目"对话框中输入相册名称，然后单击"确定"按钮，如图 7-31 所示。

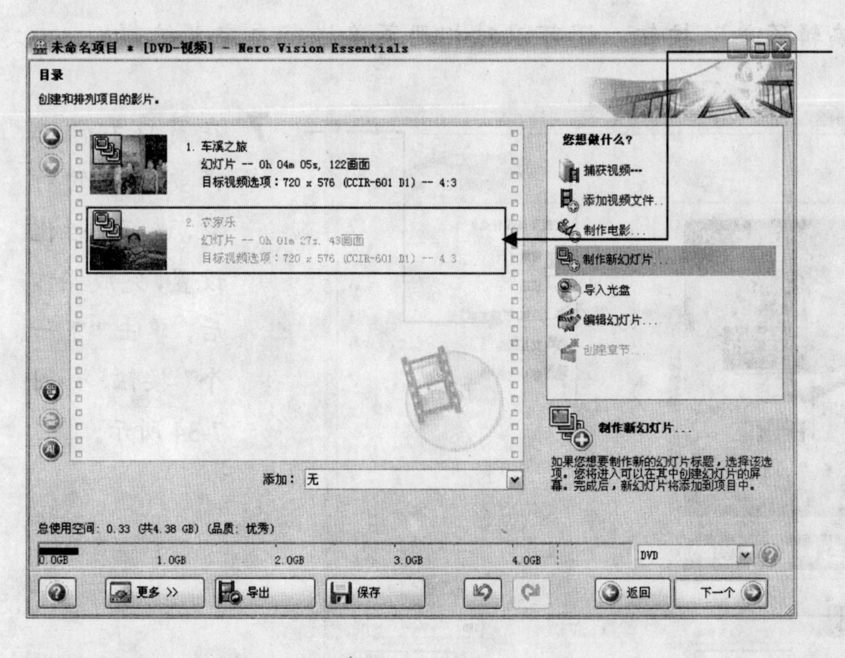

图 7-32

4 如果还需要在此相册中插入新的照片，可以选择窗口右侧的"制作新幻灯片"命令，制作方法与前面的方法相同，完成后单击"下一个"按钮，如图 7-32 所示。

5 在新窗口中选择相册使用的菜单类型，如图 7-33 所示。

图 7-33

6 单击左下方“编辑菜单”按钮，还可以对相册菜单进行自定义编辑。

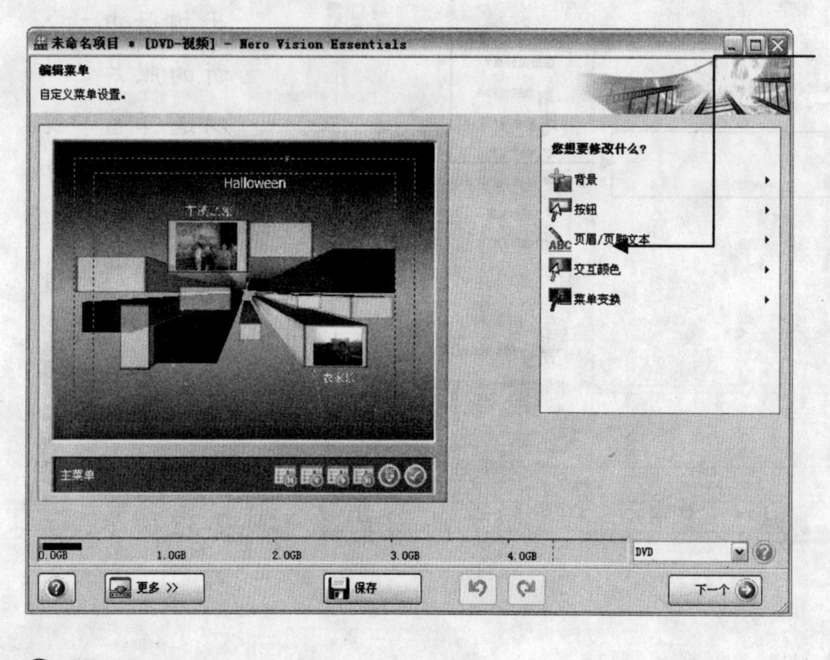

7 在窗口右侧选择要修改的对象，进行个性化设置，完成操作后，单击“下一个”按钮，如图 7-34 所示。

图 7-34

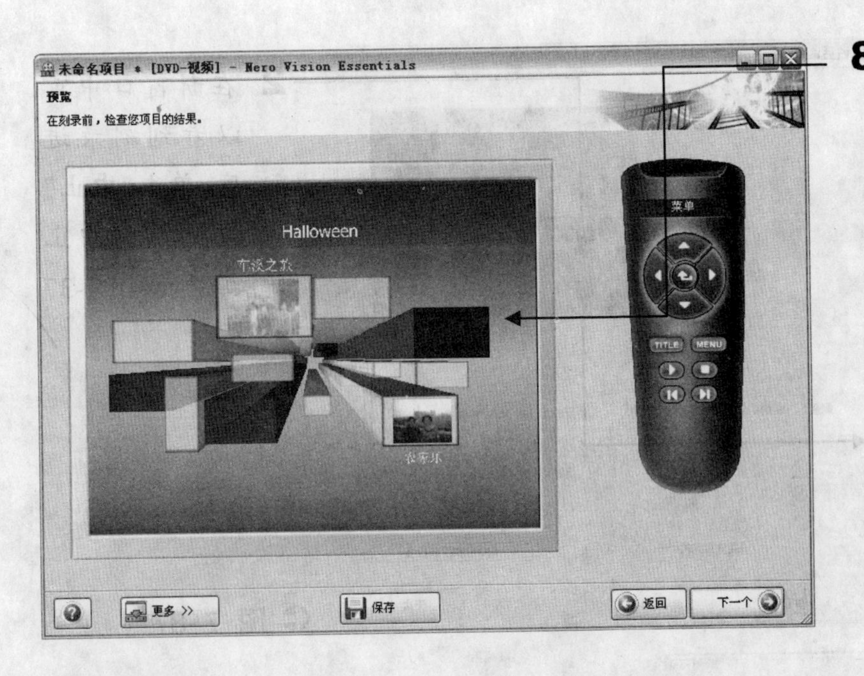

8 在弹出的“预览”窗口中，可以单击右侧遥控器上的按钮，对制作的电子相册进行预览操作，确定相册设定无误，单击“下一个”按钮，如图 7-35 所示。

图 7-35

7.3.5　将电子相册刻录到光盘

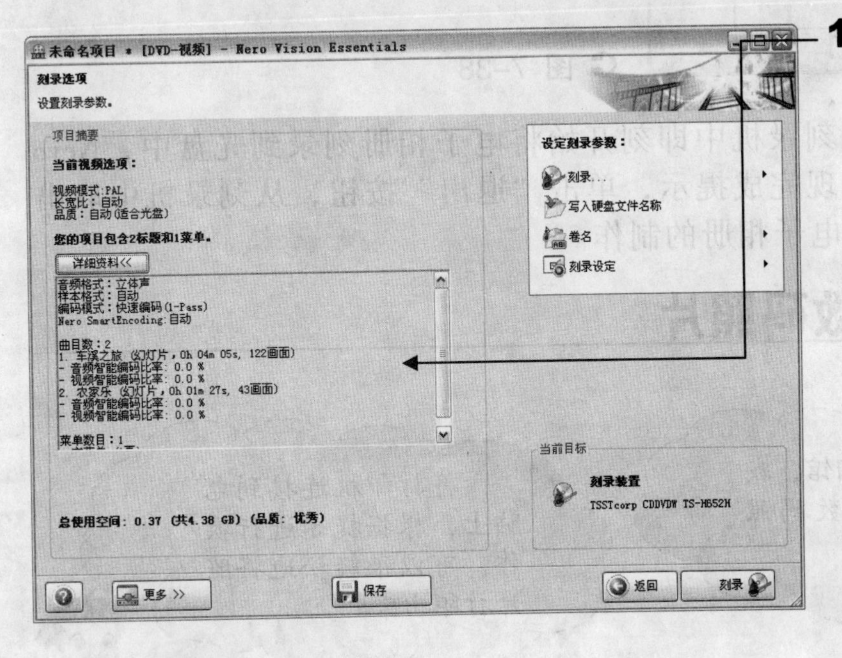

1 在弹出的“刻录选项”窗口左侧的“项目摘要”栏中，记录了之前对电子相册设定的具体参数，适当地设定刻录参数，然后单击“刻录”按钮，如图 7-36 所示。

图 7-36

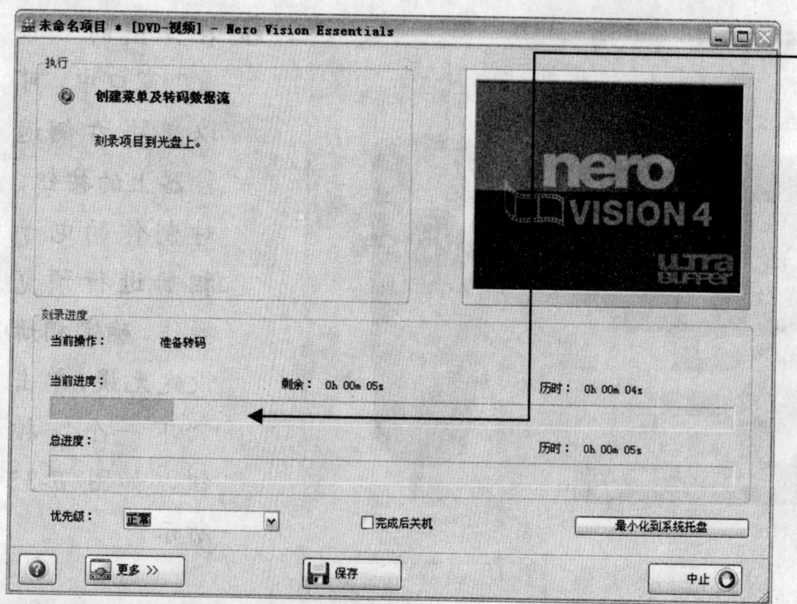

2 在新窗口中可以看到刻录进度，单击“中止”按钮，可以中止刻录，如图 7-37 所示。

图 7-37

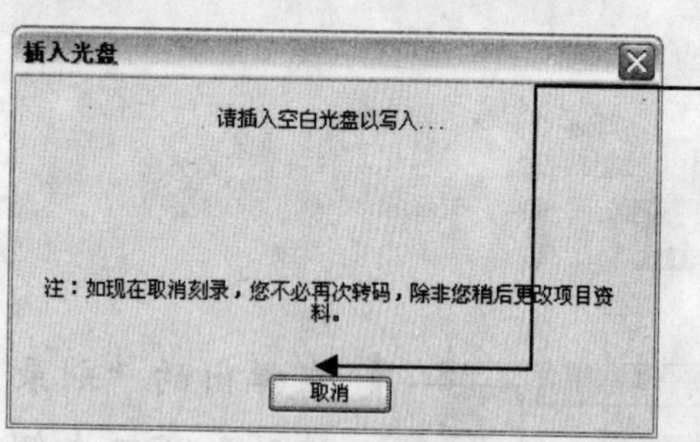

3 完成电子相册的转码后，会提示用户插入空白光盘进行刻录，如图 7-38 所示。

图 7-38

将光盘放入刻录机中即刻开始将电子相册刻录到光盘中，Nero 完成刻录后会出现完成提示，单击“退出”按钮，从刻录机中取出光盘，即可完成电子相册的制作。

7.4 打印数码照片

图 7-39

1 用 Windows 自带的图片和传真查看器打开一张照片，单击鼠标右键，在弹出的快捷菜单中选择“打印”命令，如图 7-39 所示。

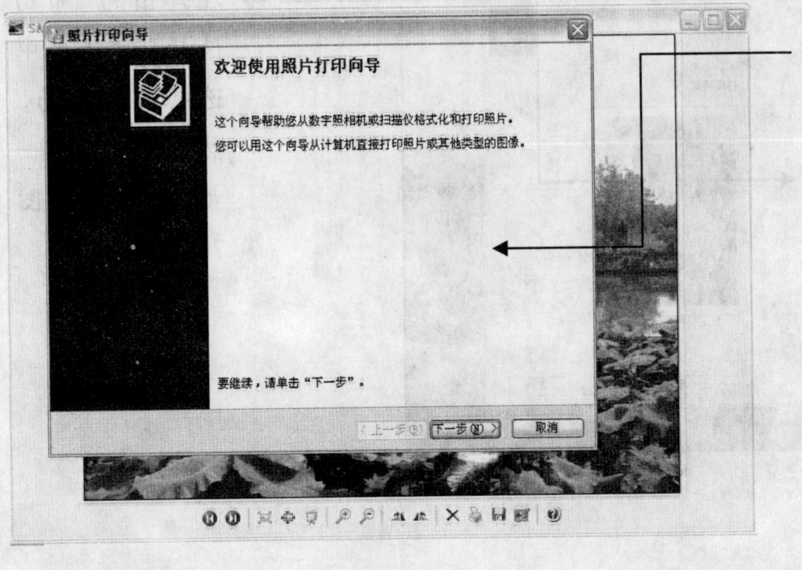

图 7-40

2 在弹出的“照片打印向导”对话框中，单击“下一步”按钮，如图 7-40 所示。

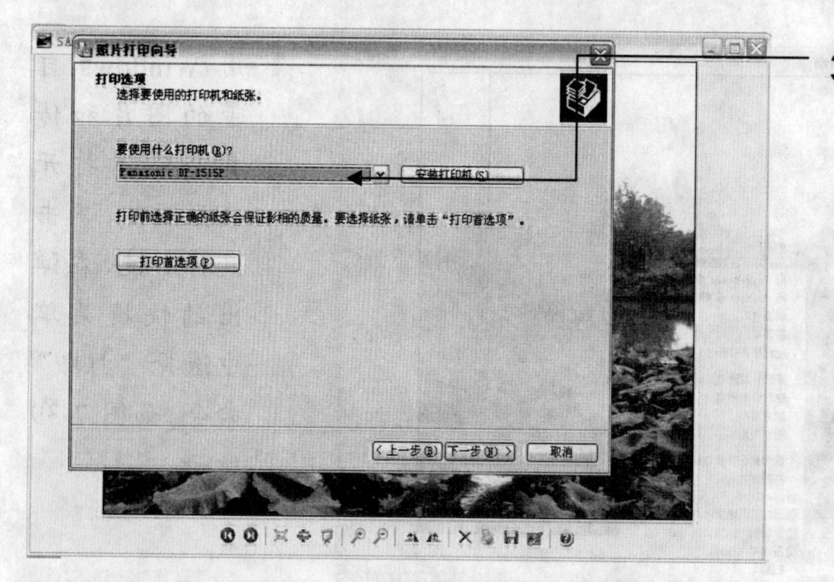

图 7-41

3 在弹出的“打印选项”对话框中，选择打印机类型，然后单击“下一步”按钮，如图 7-41 所示。

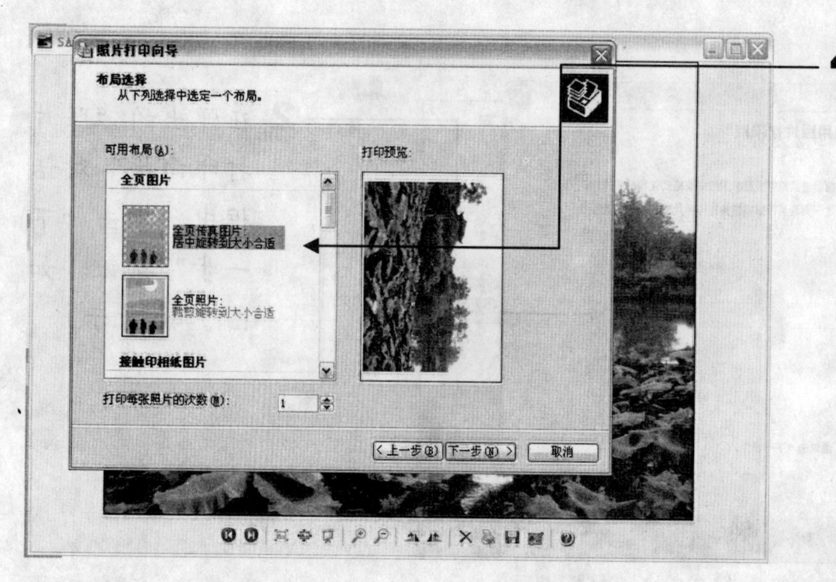

图 7-42

4 在弹出的“布局选择”对话框中选择打印布局，然后单击“下一步”按钮，如图 7-42 所示。

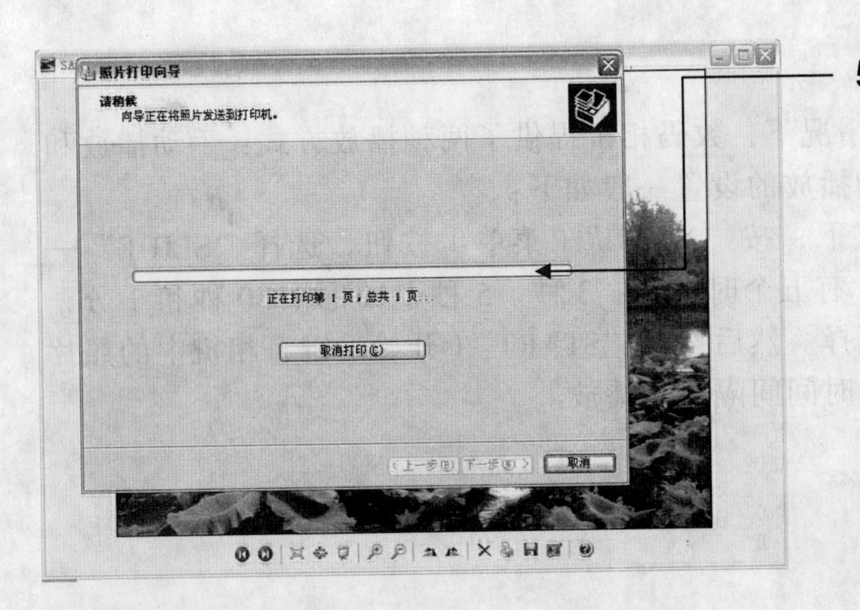

5 在弹出的“请稍后”对话框中，打印机会开始对所选照片进行打印并显示进度，如图 7-43 所示。

图 7-43

6 完成打印后，单击“完成”按钮结束即可，如图 7-44 所示。

图 7-44

7.5 疑难解答

：将数码相机连接在电脑上后，可以让数码照片自动播放吗？

：一般情况下，数码相机提供了两种播放方式：手动播放和自动播放。自动播放的设置一般如下：

在播放模式下，按“MENU”（菜单）按钮，选择“SLIDE”—“INTERVAL”，有五个时间挡：3 秒、5 秒、10 秒、30 秒和 1 分，根据需要合理选择。然后按下“START”（开始）键，相机中的照片就会按照设置的时间间隔自动播放。

反侵权盗版声明

举报电话：(010)88254396；(010) 88258888

传　　真：(010)88254397

E - mail：dbqq@phei.com.cn

通信地址：北京市万寿路173信箱

电子工业出版社总编办公室

邮　　编：100036